AF297762

TRAITÉ

SUR

LES SUBSISTANCES.

Les formalités exigées par les lois ayant été rem-
plies, les contrefacteurs seront poursuivis conformément aux lois. Tout exemplaire qui ne sera pas revêtu
de la signature de l'Auteur sera réputé contrefait.

IMPRIMERIE

DE MADAME HUZARD (NÉE VALLAT LA CHAPELLE),
rue de l'Éperon, n°. 7.

TRAITÉ

SUR LES

SUBSISTANCES

ET

PROJET

D'UN APPROVISIONNEMENT DE RÉSERVE EN GRAINS POUR TOUTE LA FRANCE, SANS QU'IL EN COUTE RIEN AU TRÉSOR;

Par J.-F. Déchalotte,

Commis principal au Ministère de la Guerre, et ancien Négociant en Grains.

PARIS,

MADAME HUZARD (NÉE VALLAT LA CHAPELLE),

LIBRAIRE, RUE DE L'ÉPERON, n°. 7.

1829.

TABLE DES MATIÈRES.

CHAPITRE PREMIER.

CHAPITRE II.

CHAPITRE III.

CHAPITRE IV.

CHAPITRE V.

CHAPITRE VI.

PRÉFACE.

C'EST sous un Roi qui ne respire que le bonheur du peuple, ainsi que sous un Gouvernement et avec des Chambres qui, d'un commun accord, cherchent à cicatriser les plaies du passé et à faire tout le bien possible pour l'avenir, que je crois devoir mettre au jour mon *Traité sur les subsistances*.

Je ne me suis décidé à soumettre cet ouvrage à l'opinion publique, par la voie de l'impression, que dans l'intime persuasion qu'il peut être d'un intérêt général pour toutes les classes de la société, surtout en ce qui concerne le projet d'un approvisionnement de trois mois pour toute la France sans qu'il en coûte rien au trésor, mesure que je crois bonne et utile, et qui, j'espère, obtiendra l'assentiment des économistes.

Je saisis, pour cette publicité, le moment où des intempéries viennent de causer des désastres très préjudiciables aux contrées les plus productives de la France, et donnent lieu à une cherté accablante pour la capitale. Une pareille expérience, jointe à celle que nous avons pu acquérir par des disettes encore récentes, qui ont été l'objet de vives inquiétudes tant pour l'État que pour les riches, et de ruine et de désolation pour les classes moyenne et pauvre, suffira, je pense, pour faire considérer comme nécessaires les mesures préservatives que j'indique, et qui, je présume, paraîtront d'une pratique aussi facile et peu dispendieuse que salutaire dans ses effets.

Il est de notoriété qu'il est difficile de concilier l'intervention exclusive du Gouvernement dans la partie des céréales avec le cours régulier et naturel du commerce des grains, sans que cela ne porte ombrage au peuple. Cette vérité bien reconnue, une administration publique, telle que je la propose, procurerait les plus heureux effets : elle mettrait surtout un terme à ces propos alarmans que les malveillans et les agioteurs ont soin de répandre dans des momens de disette, que le Gouvernement tire un bénéfice occulte des exportations.

Cette administration serait, à mon avis, un préservatif perpétuel, tant contre la misère publique, qui oblige toujours l'État à de grands sacrifices, que contre la stagnation du commerce, qui, en rendant difficile la rentrée des impôts directs et en portant obstacle à ce que les impôts indirects puissent atteindre les prévisions qui ont servi de base aux dépenses votées, gêne le présent ou grève l'avenir, dans le premier cas par une augmentation immédiate de charges, et dans le second, par l'accroissement de la dette publique.

Lorsqu'en 1816, époque où des pluies continues ont si grandement affligé la France, je me déterminai à écrire sur les subsistances, je me représentai toutes les difficultés que j'aurais à vaincre pour départager des intérêts toujours opposés, soit dans les années où les grains sont à bas prix, soit dans celles où les prix sont très élevés; mais, fort d'une certaine expérience que j'avais acquise dès mes premières années sur la culture, et ensuite sur le commerce des grains, que j'ai exercé pendant quinze ans, je pensai que ces difficultés pouvaient ne pas être invincibles. C'est ce qui m'a déterminé à mettre la main à l'œuvre, et je m'estimerai heureux si mes efforts et ma persévérance sont couronnés de succès.

En soumettant cet ouvrage aux Princes, aux Chambres et aux Autorités supérieures, je crois m'acquitter d'un devoir; en le livrant au public, je désire qu'il puisse provoquer des idées plus lumineuses, plus déterminantes encore; et si, en résultat, il pouvait concilier les mesures que je propose avec l'esprit de la loi sur les grains, mon but serait rempli, puisque je serais parvenu à garantir les familles nombreuses et indigentes de la misère qu'entraînent toujours les prix élevés des grains.

TRAITÉ

SUR

LES SUBSISTANCES,

ET

PROJET D'UN APPROVISIONNEMENT DE RÉSERVE EN GRAINS POUR TOUTE LA FRANCE, SANS QU'IL EN COUTE RIEN AU TRÉSOR.

CONSIDÉRATIONS GÉNÉRALES.

Les céréales sont un objet de la plus haute importance, tant en ce qui concerne la prospérité de l'agriculture, la tranquillité du peuple, que la sûreté de l'État ; elles sont non seulement la production la plus lucrative de la France, mais bien l'âme de toutes les branches de commerce et le mobile sur lequel reposent les intérêts des finances.

Comme du bon ou du mauvais effet résultant de la manière de gouverner cette première ressource dépend la fortune ou la pauvreté du pays, elle mérite plus que jamais, surtout pour de puissans motifs que je ferai connaître, de fixer l'attention particulière du Gouvernement et des Chambres.

En effet, plusieurs disettes éprouvées depuis un certain nombre d'années auraient dû faire sentir à l'Autorité spécialement chargée de s'occuper de cette partie et en quelque sorte d'imprimer le mouvement au commerce qui s'en fait, qu'au lieu de continuer à marcher sur des erremens qui jusqu'ici n'ont, en général, procuré que de tristes résultats, il convenait, au contraire, ne fût-ce qu'en raison de l'accroissement considérable de la population, d'aviser à des moyens préservatifs plus appropriés au temps.

Mais par suite d'une trop grande confiance en une abondance constante, ou d'une imprévoyance dont les effets ne peuvent être que funestes, on a vu plusieurs fois la population, qui devrait sans cesse être précautionnée contre les pénuries, subir tantôt une grande cherté, tantôt une calamité plus désastreuse encore.

Voulant démontrer l'insuffisance des moyens usités jusqu'à ce jour, lesquels, s'ils étaient maintenus, seraient loin d'être rassurans pour l'avenir, j'estime qu'avant d'entrer en développemens sur chacune des parties de mon Traité, je dois présenter diverses considérations d'un intérêt majeur portant sur son ensemble, savoir :

1°. *Sur les disettes de force majeure occasionées par la stérilité ou les intempéries.*

Chacun de nous sait, soit pour l'avoir éprouvé personnellement, soit pour l'avoir appris de ses ancêtres, combien la France fut désolée par la disette qu'elle essuya en 1772. Beaucoup de pères de nombreuses familles, pour ne pas voir leurs enfans exposés à mourir de faim, se virent dans la nécessité de vendre à vil prix ou d'échanger une partie de leurs terres, dont le produit suffisait annuellement à les alimenter, contre quelques sacs de grains qui à peine pouvaient les nourrir quelques mois.

A l'époque où la révolution commença, il y eut aussi dans plusieurs provinces une rareté de grains, qui servit de prétexte aux malveillans pour faire soulever le peuple, et le conduire à des excès qui ne contribuèrent pas peu à ébranler le trône.

En 1811, les chaleurs ayant été excessives, prolongées et très nuisibles aux productions en général, celles en grains, surtout, s'en ressentirent essentiellement ; cependant le mal eût été supportable, si des permis illimités d'exportation, accordés en 1810, n'eussent donné lieu à des enlèvemens pour l'étranger de presque toute la surabondance résultant de plusieurs bonnes récoltes antérieures, d'où il s'ensuivit que, pour le malheur du peuple, ce qui coûte ordinairement 40 fr. s'est vendu de 100 à 120 fr. au moins pendant six mois. Toutefois, des avis et des renseignemens ayant été adressés de toutes parts aux Ministres de l'intérieur et du commerce, des mesures d'urgence furent prises et préservèrent le peuple sinon de sa ruine, du moins de la famine ; mais il en coûta 25 millions à l'État ; et si la domination de la France sur les États du Nord n'eût obligé les nations voisines de venir à son secours, on peut croire qu'elle aurait été infailliblement dans une désolation sans exemple, d'autant plus qu'en outre de cette pénurie affligeante il se fit un commerce non moins dangereux : des sociétés puissantes se formèrent et des accaparemens se firent ; l'appât pour les propriétaires d'un très haut prix de leurs denrées, la crainte qu'en les gardant le peuple ne se les fit délivrer à un prix inférieur à un taux exagéré ; tout enfin concourut à ce que les grains, qui auraient dû rester répartis, se trouvassent, par suite de ventes précipitées, emmagasinés sur quelques points seulement et à la disposition d'hommes cupides, sans pitié, spéculant sur la misère publique, et qui, pour satisfaire leur sordide intérêt, auraient vu, sans émotion, mourir à leur porte leurs infortunés concitoyens.

Il y aurait bien des choses à dire sur cette tolérance d'accaparemens, dont le vice ne peut qu'être funeste ; mais une dissertation sur cette matière trouvera sa place dans la première partie de mon Traité. (Voir l'article *des causes aggravantes des disettes de force majeure,* page 33.)

Il eût été bien à désirer qu'à la calamité causée par la mauvaise récolte de 1811 succédât un temps moins pénible ; mais malheureusement celle de 1812 fut presque aussi inquiétante, et au premier aperçu de son produit, les spéculateurs, qui n'avaient éprouvé aucun obstacle dans le cours de leurs opérations de la campagne précédente, et par conséquent enhardis par l'impunité, crurent qu'ils n'avaient rien à craindre en continuant d'agir de même. Cependant, le Gouvernement, éveillé, prit des mesures pour parer aux suites qui auraient résulté tant d'une pénurie que de la lassitude du peuple, et, après s'être assuré par un recensement approximatif des moyens de subsistance, il jugea que, sans recourir, ou du moins que très faiblement, aux secours étrangers, il pouvait déjouer les projets des spéculateurs, dont les opérations furent plus importantes encore que celles de l'année précédente.

En cette circonstance, le Gouvernement devait faire usage de moyens qui, en résultat, pussent préserver le peuple d'une nouvelle cherté, que ses peines et ses sacrifices récens lui auraient ôté les moyens de supporter. En effet, et sans avoir égard aux prix, des grains furent achetés partout où il y en avait, pour le compte de l'Etat : ils furent triturés à la hâte, et les farines dirigées, par les moyens les plus prompts, sur plusieurs provinces, principalement sur celles du midi de la France, puis cédées à un taux moyen, qui fit échouer tous les calculs. Bientôt, malgré le peu de grains qu'il y avait à consommer, une baisse considérable s'opéra. A la vérité, beaucoup de spéculateurs furent ruinés ; mais le peuple vécut. Il est à remarquer que cette seconde mesure occasiona encore un sacrifice de 20 millions à l'État.

Pour comble de maux, il arriva qu'en 1814 et 1815 deux invasions vinrent affliger la France, ce qui, par une consommation extraordinaire, ainsi que par les obstacles et les préjudices survenus, aurait dû donner, pour quelque temps, des craintes sur les moyens de subsistance. Néanmoins toutes les difficultés qui, au premier aspect, avaient semblé devoir être insurmontables auraient pu être aplanies si, par une fatalité sans exemple, des pluies continues n'eussent causé des débordemens, des dégâts, des avaries, et reculé de plus de deux mois les moissons de 1816.

Une misère affreuse résulta de cet état de choses

et excita des mécontentemens. On pourrait même considérer comme un prodige que la France entière n'ait pas été le théâtre d'une guerre civile, et que la classe d'habitans riches n'ait pas été exposée au pillage et à l'incendie. Il n'est pas moins surprenant non plus qu'on ait pu effectuer le recouvrement des impôts, dont le montant était si nécessaire alors, tant pour remplir les engagemens contractés envers les Puissances étrangères que pour l'acquittement des charges particulières de l'État.

Au surplus, on ne doit pas se dissimuler les entreprises criminelles de la part des malveillans qui, en 1817, ont profité de ces temps malheureux pour faire armer les Français les uns contre les autres. On vit des soldats, qui ne devraient jamais brûler une amorce que contre les ennemis de leur pays, forcés d'obéir au commandement (probablement nécessité par les circonstances) de tirer contre leurs concitoyens, dont le seul crime, pour la plupart, n'avait été que de demander, d'une voix mourante, du pain, du pain ! Position affreuse de part et d'autre, et dont l'histoire fournit peu d'exemples.

Que serait donc devenu le peuple et quelles auraient été les suites de son affreuse misère, si la sollicitude du Roi, les libéralités de la famille royale, la prévoyance de l'Autorité et les secours de la bienfaisance ne fussent venus à son aide?

Cependant, il serait imprudent de compter sur de pareils moyens pour dissiper le mal et en arrêter les conséquences dans le cas où cette calamité se présenterait de nouveau. Aussi doit-on profiter d'une aussi forte leçon pour préserver à jamais la France de semblables fléaux.

Ce fut à cette époque que, le 27 juin 1827, j'adressai au Ministre de l'intérieur mon projet d'approvisionnement de trois mois. Son Exc. me fit l'honneur de me répondre « qu'elle l'avait lu avec » intérêt et qu'elle me remerciait de le lui avoir » communiqué; que, selon mes intentions sans » doute, elle conservait cet ouvrage, afin de pou- » voir le consulter lorsque les circonstances per- » mettraient de mettre en pratique quelques unes » des vues qui y sont présentées. »

Si ce que le Ministre entendait eût été de faire effectuer la réserve proposée, ne fût-ce que pour Paris et en sus de l'approvisionnement particulier de la ville, il ne serait pas arrivé des prix, en 1819 et 1827, bien au delà des prix moyens qui conviennent en même temps au cultivateur, au consommateur et au marchand faisant un commerce loyal, lequel soutient l'agriculture au moyen d'une circulation journalière de numéraire; et aujourd'hui (en 1829) on ne verrait pas dans la Capitale le pain être à un prix double du prix ordinaire.

(13)

On n'aurait point vu non plus les opérations combinées des monopoleurs aggraver un mal occasioné par de simples accidens partiels, et exercer une influence telle que si les tentatives qu'ils ont faites dans le cours surtout de 1819 et de 1827 eussent répondu à leur attente, c'est à dire que si, après avoir sondé le terrain, ils n'eussent pas reconnu l'existence de ressources trop fortes pour se lancer davantage, ils auraient agi avec plus de hardiesse et porté la hausse à un taux dont l'effet aurait équivalu à peu près à celui d'une pénurie réelle.

Toutefois, d'après l'imprévoyance, d'une part, et l'inconvénient du monopole de l'autre, on doit se demander quelle serait aujourd'hui la position de la France si les pluies éprouvées en 1828, au lieu de n'avoir causé d'avaries, tant graves fussent-elles, que sur les récoltes des départemens du nord et de ceux qui avoisinent Paris, eussent porté sur tout le sol de la France.

Me résumant, tant sur les disettes que sur les différentes chertés de grains, je ferai remarquer que, tandis qu'autrefois il y avait un intervalle de quinze à vingt ans entre chacune d'elles, il est de fait qu'en dix-huit ans nous avons éprouvé, savoir :

Trois disettes, en 1811, 1812 et 1816.

Trois chertés, par suite des récoltes de 1819,

1827 et 1828, et que, pour des causes qu'il est, je crois, très urgent de chercher à approfondir, nous n'avons eu dans ce laps de temps (terme moyen) que deux bonnes années sur trois ; ce qui est loin d'être tranquillisant pour l'avenir.

A l'égard des chertés qui ont lieu hors les disettes, le mal serait de moitié moindre, si la majeure partie du bénéfice tournait au profit de l'agriculture et le surplus à celui du commerce moyen des grains ; mais, chose certaine, c'est que les monopoleurs en enlèvent la plus forte portion.

2°. *Sur les rapports qu'il y a entre l'emploi et la circulation sagement combinés des grains et les divers intérêts qui s'y rattachent.*

Ici se présentent trois intérêts majeurs qui, sous un point de vue tel que l'État les envisage, doivent toujours être mis en balance, afin que sans froisser l'un d'eux, lorsque les circonstances veulent que l'Autorité s'en occupe, on puisse ménager les autres. Ces intérêts sont :

Ceux des propriétaires cultivateurs, des amodiateurs de biens-fonds avec rendage en nature, et des gros fermiers ;

Ceux des amodiateurs de biens-fonds avec rendage en argent, des artisans et des gens à métiers ;

Ceux des journaliers, pères de nombreuses familles, et des indigens.

Pour faire ressortir la position de ces différens intérêts, et en les supposant d'abord comme suffisamment garantis par tout ce qui est mis en œuvre dans le système en vigueur, je crois devoir raisonner sur chacun d'eux ainsi qu'il suit :

En ce qui regarde les individus de la première catégorie,

Qu'il serait malheureux pour eux que la valeur des grains fût souvent et long-temps à un taux modique ; mais comme ils peuvent vendre dans l'intérieur au moment de la hausse, fût-elle du double des prix moyens, ils ne peuvent prétendre à rien de plus, puisque la loi sur cette partie, en même temps qu'elle prévient de trop bas prix par l'effet d'empêchemens aux importations, favorise le maintien des denrées à un prix convenable au moyen d'exportations.

En ce qui regarde ceux de la seconde catégorie,

Qu'il résulte de récoltes plus ou moins abondantes, de l'extension ou de la suspension des importations et des exportations, ainsi que de la manière de gouverner les subsistances, des prix auxquels, lors même qu'ils sont élevés, les personnes qui font partie de cette catégorie doivent se soumettre.

En ce qui regarde ceux de la troisième catégorie,

Que lorsqu'un terme moyen se trouve établi entre les deux premières classes, de manière à ce qu'il ne puisse y avoir de pénuries que celles résultant absolument d'événemens contre lesquels toute force humaine ne peut rien, ils doivent avoir confiance dans le produit de leur travail et les secours ordinaires.

Voilà, selon moi, ce qu'on peut dire, ce qu'on peut désirer, dans le cas supposé que les prévisions de la loi et l'action de l'Autorité suffiraient pour parer à tous événemens, et en admettant, la veille de chaque récolte (excepté celle qui suit une année malheureuse), un existant réel en grains de 4 à 5 mois, soit chez les particuliers, soit chez les marchands, soit dans des magasins de réserve.

Maintenant il s'agit de savoir si, dans le système actuel, cela est, ou si cela peut être; c'est une question qui mérite d'être examinée et sur laquelle on trouvera bientôt les explications nécessaires pour donner une idée positive du véritable état des choses.

3°. *Sur les motifs d'après lesquels les exportations devraient être suspendues, même lorsque le prix des grains n'aurait pas atteint celui déterminé par la loi.*

La loi sur les grains, en posant des bases pour l'introduction et la vente dans l'intérieur du royaume des denrées provenant de pays étrangers, est, sous ce rapport, pleine de sagesse. Elle empêche une concurrence nuisible à l'agriculture ; et, par suite, les grains se trouvant maintenus à un taux convenable, qui par conséquent donne lieu à une circulation de numéraire plus forte, toutes les branches de commerce doivent s'en ressentir efficacement, et les ouvriers trouver davantage de travail et être plus à même de faire exister leurs familles.

Mais, quant aux exportations, bien que cette loi soit salutaire sous son unique point de vue à cet égard (celui que, lorsque les prix de ventes qu'elle fixe seront atteints, toute sortie doit être suspendue), il se présente plusieurs questions, savoir :

Si parce que les étrangers ont pu s'approvisionner chez nous, depuis le prix de 15 ou 20 francs à celui de 30 francs, que je suppose être le *maximum*, il suffit de s'arrêter là pour rester en mesure de parer à une disette future?

Si, de ce que la hausse ne se serait opérée que lentement, parce que les enlèvemens auraient eu lieu dans un laps de temps assez considérable et sans précipitation, on peut en tirer l'induction que la suspension des exportations tombe juste au moment où les quantités exportées n'étaient qu'un superflu, quels que soient les événemens à venir, et où les quantités restantes sont suffisantes ?

Si, sur l'allégation que les quantités qui existaient étaient connues, et que les renseignemens fournis par l'Administration des douanes ont indiqué d'une manière certaine celles qui ont été exportées, on doit croire bien connaître la position de la France sous ce rapport ?

Pour résoudre ces questions posées, selon moi, dans le sens que l'ont entendu les législateurs ainsi que l'Administration supérieure de l'intérieur, lors de la présentation de son projet de loi ; pour démontrer surtout que la mesure prescrite par la loi, au lieu de pouvoir procurer un effet entier, ne peut être considérée que comme une fraction de moyens, je crois, sans avoir l'intention d'attaquer en aucune manière l'Administration supérieure, agir dans l'intérêt public en établissant que la suspension ainsi déterminée, au lieu de pouvoir, seule, procurer l'effet désirable, est bien loin d'avoir atteint le but.

Pour parvenir à cette démonstration, je demande ce qui résulterait du système actuel, si certains événemens, tant de fois éprouvés depuis vingt à trente ans, venaient à se représenter tout à coup, ainsi qu'on doit le craindre, puisque quelques uns, depuis la loi sur les grains, se sont déjà reproduits d'une manière plus ou moins pénible pour les départemens, mais toujours critique pour la Capitale.

Ces événemens sont :

Une guerre inopinée ayant toujours une grande influence sur les grains ;

Une stérilité d'après laquelle les productions se réduisent à moins de moitié de celles de bonnes récoltes ;

Des pluies continues frappant, comme en 1816, sur toute la surface du territoire, et, comme en 1828, sur beaucoup de contrées ;

Des débordemens de fleuves et rivières, et des ouragans parfois si multipliés et si désastreux, qu'il en résulte un dommage triple ou quadruple, comparativement à celui d'autres années ;

De belles apparences de récoltes, qui d'abord encouragent les exportations et finissent assez fréquemment par n'avoir été que trompeuses ;

Des retards dans les moissons, d'un mois, d'un mois et demi, et quelquefois de deux mois ;

Des disettes par suite d'exportations, telles que celles essuyées en 1811 et 1812 ;

Une rareté de numéraire, occasionée par la stagnation du commerce, par la méfiance ou par d'autres causes accidentelles, et donnant lieu à une vente forcée aux cultivateurs, tant pour le paiement de leurs impôts que pour leurs besoins propres : d'où il résulterait que la vente à 22 francs, 24 francs ou 25 francs, devenant momentanément équivalente à celle qui, sans cela, aurait eu lieu au *maximum* supposé de 3o francs, il faudrait pour atteindre ce *maximum,* sans lequel les exportations continuent, assez de temps pour qu'il en sortît le double ;

Enfin, l'erreur dans laquelle peut être l'Administration supérieure de l'intérieur sur la quotité de nos ressources, ainsi que cela arriva en 1816, où elle fit dire au Souverain, à l'ouverture des Chambres : « que nous possédions assez de subsis-» tances, » tandis que peu de temps après on reconnut la nécessité d'aller jusque dans la Crimée pour faire des achats de grains, qui n'arrivèrent, en grande partie, qu'à la veille de la récolte de 1817, en très mauvais état, et qui, par contrecoup, donnèrent lieu à une surabondance, qui devint aussi nuisible pour les propriétaires et fermiers, que venait d'être désolante pour le peuple la famine qui l'avait précédée.

A l'égard des quantités sorties, il est à remarquer que ce serait se faire illusion que de penser que les renseignemens donnés à ce sujet sont exacts, attendu que l'intérêt de ceux qui exportent consiste presque toujours à dissimuler, et qu'ils savent atteindre ce but par des sacrifices ou par le moyen de la contrebande.

D'après cet exposé, je laisse à juger s'il n'y aurait pas un danger imminent à ce que les choses restassent dans l'état où elles sont, et si, à part toute autre mesure de précaution contre tel ou tel événement extraordinaire, il ne conviendrait pas que, par un article additionnel à la loi sur les grains, les exportations pussent être suspendues par une ordonnance royale, lors même que les prix cotés ne seraient pas atteints?

4°. *Sur l'insuffisance des moyens que peut employer l'Administration de l'Etat pour diriger d'une manière convenable la partie des subsistances.*

Afin de mettre à même de juger de l'insuffisance des moyens que peut employer l'Administration de l'Etat pour diriger convenablement la partie des subsistances, je crois devoir faire le rapprochement des causes qui ont existé de tout temps avec celles qui, depuis trente à trente-cinq ans, sont venues l'augmenter peu à peu, puis faire ressortir les faits qui sont la conséquence de ces causes, ainsi que les suites fâcheuses qui résultent des uns et des autres.

A cet effet, je dis,

A l'égard des causes,

Que, malgré toute la confiance qu'on doit avoir dans les bonnes intentions de l'Administration, on ne peut s'empêcher de reconnaître que son action exclusive sur un point aussi important et auquel se rattachent essentiellement les grands intérêts de l'agriculture, de toutes les branches de com‑ merce et des finances, est aujourd'hui, plus que jamais, non seulement loin d'être suffisante, mais encore qu'elle donne lieu à de justes crain‑ tes pour l'avenir.

En effet, les affaires qui ont trait aux subsis‑ tances sont tellement importantes, qu'elles pas‑ sent ordinairement par tous les degrés adminis‑ tratifs. Les maires correspondent d'abord avec les sous-préfets pour leur donner avis de l'état des choses; ceux-ci en informent les préfets, qui en rendent compte au Ministre : viennent ensuite l'examen, le rapport à faire et la décision à pren‑ dre, enfin la transmission des mesures adoptées aux Autorités chargées de les mettre à exécu‑ tion. Qu'est-il arrivé souvent de ces lenteurs? C'est que les choses avaient changé de face lors‑ qu'on a eu connaissance sur les lieux des me‑ sures prises pour réparer le mal, et dès lors ces mesures avaient cessé de devenir opportunes. Dans d'autres circonstances, on a vu les grains ou farines, expédiés d'urgence sur les contrées nécessiteuses, n'y arriver, par suite des forma‑ lités administratives, que lorsque le mal était parvenu à son comble, ou lorsque les besoins avaient cessé par l'effet d'une affluence produite par les opérations du commerce ordinaire ou des

monopoleurs. Il fallait ensuite reporter les denrées, à grands frais et non sans avaries, dans les
lieux d'où l'Administration les avait tirées, ou
dans ceux qui se trouvaient appauvris par les
enlèvemens des agioteurs.

Il est encore à remarquer qu'il ne serait pas
toujours prudent de se fier à l'exactitude des
rapports des Autorités locales, par le motif surtout que, lors de pénuries ou de grandes chertés,
beaucoup de maires, quoique bien intentionnés,
pourraient grossir les besoins ou dissimuler une
partie des ressources, dans la vue de ménager
leurs administrés.

Il serait aussi dangereux d'ajouter foi aux notes
et renseignemens qu'adressent officieusement à
l'Autorité supérieure certaines maisons de commerce en grains, attendu que, tout en présentant
l'état des choses sous l'aspect du bien général,
elles peuvent, dans le but de faire tourner à leur
profit les mesures à prendre, ne dire qu'une
partie de la vérité.

Voilà, je crois, ce qui a eu lieu de tout temps.

Maintenant il s'agit de connaître ce qui, depuis nombre d'années, a pu rendre l'action de
l'Administration moins efficace encore, en venant
ajouter journellement aux difficultés.

En voici, je crois, le motif :

Depuis trente à trente-cinq ans, la population

de la France s'est accrue de six millions d'individus, sans qu'il y ait eu la moindre augmentation de territoire. Nous avons, au contraire, perdu une grande partie de nos colonies, et même quelques contrées continentales. Or, tout ce qu'on pourrait avancer, au sujet de plus grands produits par suite d'améliorations apportées à l'agriculture, de défrichemens de terrains, de desséchemens de marais et d'étangs, ne peut, selon moi, être considéré que comme chose vue çà et là, et non comme ayant un effet général.

D'ailleurs, dans la supposition que ces améliorations (en admettant le cas où elles porteraient partout) seraient assez considérables pour balancer ce qui est devenu nécessaire à la consommation des six millions d'individus en plus, il est de fait que cet avantage se trouve absorbé par la conversion d'une partie de la culture des céréales en vignes, bois, tabacs, denrées indigènes reconnues propres à être substituées aux denrées coloniales, et surtout en prairies artificielles nécessaires pour mettre le bétail en proportion avec l'accroissement de la population ; de sorte qu'en même temps qu'il y a grand accroissement de la population, il se pourrait que, par l'effet inaperçu de ces conversions, les quantités en grains fussent, au contraire, moindres aujourd'hui de ce qu'elles étaient il y a trente à trente-cinq ans.

A l'égard des faits :

Ceux qui prouvent l'impossibilité où se trouve l'Administration de l'Etat d'empêcher des prix excessifs occasionés seulement par de simples accidens partiels, et surtout d'atténuer, autant qu'elle le désirerait, l'effet déplorable des disettes, sont :

1°. Les exportations outre mesure (comme cela a eu lieu en 1810, par exemple), lesquelles doivent être considérées comme étant la conséquence de son incertitude, tant sur le véritable état des ressources existantes que sur les besoins du moment ;

2°. Le défaut de connaître assez à temps certains événemens, qui bientôt doivent occasioner des besoins à venir, surtout en raison de la lenteur dans l'exécution de ses dispositions ; lenteur qui souvent empêche que les mesures prescrites soient opportunes et efficaces ;

3°. La difficulté de s'opposer à ce que, dans des circonstances critiques, les accapareurs et les fortes maisons de commerce puissent s'emparer tout à coup, et centraliser des masses énormes de grains et de farines ;

4°. La ruine des petits marchands, ceux vraiment utiles aux cultivateurs en raison d'achats journaliers, qui pourvoient à leurs besoins successifs ; ruine qui provient de l'initiative qu'ont les fortes maisons, et fait retomber dans les mains de celles-ci tout le commerce en céréales ;

5°. La misère tant de fois éprouvée, plus par suite d'exportations et du monopole comprimé que pour cause de mauvaises récoltes;

6°. Les différentes émeutes qui ont eu lieu, notamment celle de 1817;

7°. Le mécontentement, si souvent manifesté par la population de Paris, pour cause d'une trop grande élévation du prix du pain;

8°. La stagnation où tombe le commerce, en général, lorsque la misère se fait sentir, et les faillites nombreuses que cela entraîne.

D'après l'exposé que je viens de présenter des causes et des faits, je me résume sur les suites fâcheuses qui en résultent, en disant :

1°. En ce qui regarde les intérêts des classes moyenne et indigente,

Que, sous le double rapport de politique et d'humanité, elles auraient mérité une attention plus particulière de la part de ceux qui gouvernent la partie des subsistances; car il est de fait que les individus qui ne possèdent que peu de chose, et ceux qui sont dénués de tout, se sont vus jusqu'à ce jour, et au moment même où la plupart des riches voient leur fortune s'accroître, dans la désolante position de supporter, seuls, tout ce qu'ont de pénible et de calamiteux les disettes et les excessives chertés; les uns en payant 10, 12, 15 ou 20 francs (en 1817, cela est même allé jusqu'à 25 fr.) 20 kilogrammes de blé, qui ordinairement ne coûtent que de 3 à 4 francs; les autres en étant privés de tout autre moyen d'existence que le pain qu'ils peuvent recevoir d'aumônes.

2°. En ce qui concerne les finances,

Que, faute d'approvisionnemens de réserve, et pour avoir toléré inconsidérément des exportations trop considérables, l'État s'est vu souvent forcé à d'énormes sacrifices, afin de modifier, dans les momens de crise, la gravité du mal.

Que, si les pertes que l'État a faites eussent eu lieu sur les denrées indigènes, le mal eût été de moitié moindre, par la raison que l'argent non rentré dans ses caisses se serait retrouvé en quelque sorte à sa source, c'est à dire dans les mains des contribuables; mais, attendu que dans ces circonstances notre numéraire passe à l'étranger pour la valeur totale des grains que l'on en tire, il en résulte un mal irréparable pour la richesse nationale.

A ce sujet, si je me borne pour le moment aux preuves que je viens d'émettre, je me propose de les fortifier encore par d'autres raisonnemens et citations qui se trouveront dans mon Traité.

5°. *Sur l'opportunité d'une réserve pour la consommation, pendant un an, des armées de terre et de mer.*

Que la subsistance des troupes soit fournie par entreprise en vertu de marchés, ou qu'elle le soit par régie au compte de l'État, dans l'un comme dans l'autre cas, il paraîtrait convenable qu'une réserve fût faite pour la consommation d'un an des armées de terre et de mer. Il ne pourrait être touché à cette réserve que dans les momens de pénurie ou de hauts prix; mais elle devrait être remise à son complet, aussitôt que l'abondance le permettrait.

Il résulterait de cette mesure :

Que, si la fourniture se faisait par entreprise, non seulement l'approvisionnement suffirait à la garantie de l'exécution des marchés, mais encore il préserverait les entrepreneurs de perdre en un instant leurs bénéfices de plusieurs années, et l'État de faire les fournitures pour son compte, à ses risques et avec grande perte, en cas d'abandon du service de la part de ses traitans ;

Que, si la fourniture se maintenait par régie, on n'aurait plus à craindre que, par suite d'événemens extraordinaires occasionant de hauts

prix, les dépenses effectuées d'un exercice pussent excéder les prévisions de sommes considérables.

Au surplus, un motif bien plus puissant encore semble commander cette mesure, c'est que,
dès lors, l'État cesserait de se trouver à la fois
dans deux positions opposées et fâcheuses : car,
tandis que, d'un côté, dans des momens critiques,
il doit faire tous ses efforts pour que les denrées
ne manquent pas et pour empêcher que les prix ne
s'élèvent au delà des facultés des classes moyenne
et pauvre, d'un autre, il se trouve dans la nécessité de faire effectuer des achats pour son
compte, et, par conséquent, de contribuer lui-
même à la hausse.

*6°. Sur la nécessité d'un approvisionnement de
réserve de grains pour toute la France, et sur
celle de la création d'une Administration publique pour les subsistances.*

Si, d'après les motifs que je viens de déduire,
il peut être reconnu que l'Administration de l'Etat
ne peut souvent, surtout pour cause d'une lenteur qui rend presque toujours intempestives les
mesures qu'elle prend, empêcher des faits fâcheux
et des résultats ruineux pour le peuple et les finances, il doit rester avéré qu'il est indispensable

de trouver un moyen propre à remédier à ce grave inconvénient.

Ce moyen, selon moi, ne peut consister que dans un approvisionnement de réserve, lequel, une fois formé, serait perpétuel, au moyen du remplacement presque immédiat des quantités de denrées qui en seraient distraites dans les temps de pénuries et de grandes chertés.

Mais comme l'Administration de l'État ne peut se livrer à des détails qui, à cet égard, paraîtraient rendre son action absolue sur la partie des grains, j'estime qu'il convient que ces détails soient traités, comme intérêts de grande famille, par des personnes placées entre l'Autorité supérieure et les trente millions d'individus qu'ils concernent, et qui réclament des mesures efficaces pour les préserver désormais de la ruine et de la famine.

7°. *Sur la manière de faire supporter les dépenses d'une Administration publique, ainsi que les frais de remuage et de livraison des grains de réserve.*

Pour connaître l'importance des produits immédiatement après les récoltes, et pouvoir, par des rapports certains, mettre le Gouvernement à même de juger des mesures d'urgence que l'in-

suffisance des ressources pourrait nécessiter,
ainsi que pour suivre avec soin tout ce qui con-
cernerait un approvisionnement de réserve en
grains pour trente millions d'individus, et tout ce
qui touche à la conservation de ces denrées, il
suffirait d'un personnel d'administration composé
seulement de quatre cent quatre-vingt-seize personnes, dont :

140 chefs, sous-chefs, agens, inspecteurs et commis,
356 garde-magasins.

Ainsi qu'on le verra par les états établissant ce
que coûterait ce personnel, et à combien s'élève-
raient les frais pour la conservation et la livraison
des denrées (*page* 80 *et suivantes*), la dépense
totale d'un an ne devrait s'élever, taux moyen,
qu'à environ 2 millions, et la portion afférente à
chaque individu ne serait que de 7 centimes.

Pour l'acquittement de cette dépense, deux
moyens se présentent, savoir :

Le premier, de la comprendre dans les budgets
et comptes ;

Le second, d'en faire un rôle spécial, ou d'augmenter les contributions personnelles de 8 centimes pour chacun des chefs, enfans, employés
non imposés, et gens à gages compris dans chaque cote.

Si je dis 8 centimes, tandis que plus haut je

n'ai porté que 7 centimes, c'est dans la supposition qu'il y a au moins cinq millions d'indigens qui ne sont ni imposés ni à gages, et qu'à leur défaut il paraît convenable de faire supporter la différence par les habitans imposés.

CHAPITRE PREMIER.

DES CAUSES AGGRAVANTES DES DISETTES DE FORCE MAJEURE.

ARTICLE PREMIER.

ACCAPAREMENS.

C'est moins en raison des disettes provenant de la stérilité ou des intempéries, que pour cause d'exportations faites outre mesure, et surtout d'accaparemens de grains, que le peuple murmure et se livre parfois à des excès. Croire qu'avec une bonne police et par la force on peut toujours le maintenir dans de certaines limites, même lorsqu'il est poussé par la faim, ce serait une erreur, que tout ce qui s'est passé depuis quarante ans n'a que trop démontrée ; car on ne peut disconvenir qu'en pareil cas l'État a souvent éprouvé de vives inquiétudes et senti tout le danger qu'entraîne la misère du peuple.

A la vérité, la force armée est toujours là pour dissiper les attroupemens et s'opposer autant que

possible à ce qu'ils puissent devenir par trop funestes, et à cette fin le soldat est celui sur lequel
l'État compte le plus. Mais à côté de ce que l'at-
titude du soldat peut avoir d'imposant et produire
d'avantageux, il est un grave inconvénient qui
mérite de fixer l'attention.

En effet, on ne saurait se dissimuler que l'intervention du militaire dans des troubles publics
ne puisse, surtout lorsqu'il s'agit de sévir, avoir,
sous un autre rapport, des résultats fâcheux ; car
c'est de la classe du peuple la moins fortunée que
se compose la majeure partie des troupes ; la plupart des soldats, dénués de fortune, n'ont rien de
plus cher que leurs proches, et pour être constamment maintenus dans leur amour pour le
Prince et dans leur esprit national, il faut qu'ils
soient assurés que, par suite de mesures certaines, leurs familles seront sans cesse préservées
de la faim. A défaut de pareilles précautions, il
serait à craindre, d'une part, qu'on ne les vît, lors
de dissentions et surtout en cas d'émeutes occasionées par le besoin, se tourner du côté des
mécontens et, d'un autre, qu'en cas de guerre ou
de circonstances graves, on ne trouvât dans le
soldat, au lieu de ce zèle qui fait le principal succès des armes, qu'une inertie plus dangereuse que
le fait même des armes ennemies.

Il est à présumer que jamais, par un réglement

ou des dispositions quelconques, on n'a prévu en France les véritables moyens d'éviter, ni de réprimer les abus qui se glissent dans le commerce des grains, principalement par les grandes opérations que font, dans de certains cas critiques, de gros capitalistes. Si cependant des mesures sages eussent été concertées et adoptées pour, dans les momens opportuns, empêcher d'abord le mal, on n'aurait certainement pas vu aussi souvent le peuple, gémissant sur le présent et effrayé de l'avenir, se livrer à des excès qui quelquefois ont embarrassé l'État et compromis le Souverain.

Les soins du Gouvernement doivent donc se porter constamment à maintenir la nation dans une parfaite tranquillité, ce qui ne peut avoir lieu qu'en lui donnant une sécurité entière sur les moyens de pourvoir à sa subsistance.

En se livrant à des recherches dans le passé, on trouverait beaucoup à dire sur l'inconvénient des accaparemens ; mais ce qui est arrivé depuis dix-huit ans offre une série de faits plus que suffisante pour démontrer tout le danger d'un pareil abus.

De 1811 à 1817 surtout, on a vu tous les grands calculs se porter sur cette branche de commerce. Les fortunes rapides et considérables qui, depuis la révolution, s'y étaient faites, ont été d'un tel appât, que de gros marchands livrés à tout autre commerce , et même des chefs de fabriques , ont préféré quitter leur travail habituel pour jeter d'énormes capitaux en spéculation sur les denrées ; et tandis qu'il y a quarante à cinquante ans, lorsque la fortune d'un homme ou de plusieurs sociétaires était évaluée de 5oo,ooo fr. à un million au plus , immeubles compris , il leur était au moins tacitement interdit de se mêler de ce genre d'affaires , on a vu en 1812 , et surtout en 1813 , beaucoup de compagnies , dont une entre autres ayant un capital disponible de 6 à 7 millions, réaliser des sommes immenses en denrées , et jeter ainsi l'alarme dans beaucoup de départemens , principalement dans ceux où les achats furent faits.

Aussi , sans qu'il y eût eu d'autre crainte que celle d'une pénurie imaginaire (car les ressources locales étaient à peu près suffisantes), il résulta de ces grandes opérations que presque tous les grains, qui se trouvaient réunis en quelques mains seulement, furent revendus au peuple, en peu de jours, le double et le triple des prix ordinaires. Cette manière d'agir ne fut pas sans danger ; mais ce danger eût été bien autre si le Gouvernement ne fût parvenu à en modifier l'effet à force de sacrifices.

Si de pareilles affaires se faisaient dans les momens d'abondance, on ne pourrait qu'y applaudir, attendu que les denrées étant achetées et emmagasinées pour attendre un moment favorable, afin de bénéficier, le cultivateur, au moyen de la vente qu'il ferait de temps à autre de quelques portions de ses récoltes, serait toujours à même de pourvoir à ses besoins du moment : mais loin de là, les accapareurs n'opèrent que lorsqu'il y a doute ou plutôt lorsqu'il y a certitude de prochaine disette, et il s'ensuit qu'après avoir fait une fortune honteuse résultant du monopole, ils se gardent bien, lorsque les denrées sont à bas prix, de faire des achats qui donneraient du ton au commerce ; ils préfèrent au contraire le voir tomber en stagnation, afin de forcer les cultivateurs à des emprunts de fonds à un taux ruineux, et, après avoir pris hypothèque sur leurs biens, les faire exproprier.

ARTICLE II.

EXPORTATIONS.

De même qu'un négociant fait annuellement son inventaire pour connaître sa situation et juger, suivant ses bénéfices ou ses pertes, des opérations qu'il peut entreprendre, de même le Gouvernement devrait, à la fin de chaque récolte, connaître

1°. Ce qui peut rester de vieilles denrées ;

2°. L'importance des produits nouveaux.

Par ce moyen, il aurait des données certaines, soit pour étendre, soit pour restreindre les exportations, ou, au besoin, pour faciliter les importations.

C'est d'un superflu résultant de récoltes abondantes que l'on peut faire rentrer en France une partie du numéraire qui en sort, tant par des importations de grains, lors de pénuries, que pour l'achat de denrées coloniales et autres marchandises étrangères. Ainsi donc, en employant tous les moyens possibles pour éviter une excessive cherté, il convient de maintenir, dans les temps d'abondance, les grains à un prix assez élevé pour être favorable à l'agriculture.

A cet effet, et pour que des mesures générales soient utilement prises, il est nécessaire de pouvoir établir d'année à autre une comparaison entre l'existant d'une part et la consommation locale, ainsi que l'écoulement probable pour le dehors, d'une autre.

Quoique, dans le vulgaire, on se persuade que nos produits excèdent de beaucoup notre consommation, je pense que l'on n'en pourrait bien juger qu'en mettant en regard ce qui, dans une période de dix ans, serait sorti, avec ce qui serait entré. L'accroissement de la population nécessite cette mesure, et bien que l'on puisse alléguer que l'agriculture a été considérablement améliorée depuis quelques années, il se pourrait qu'en raison de ce qu'une partie de la culture en céréales s'est reportée sur d'autres articles il y eût au moins compensation, sans toutefois avoir égard à ce qu'il faudrait de plus qu'autrefois pour la subsistance des individus, qui augmentent la population à partir de trente-cinq à quarante ans.

S'il était possible de se dispenser de vendre d'abord l'excédant, afin de le retrouver lors de mauvaises récoltes, le peuple et l'État y gagneraient sous tous les rapports : car, ne pouvant, d'après la loi sur les grains, vendre au dehors qu'à bas prix, et nous trouvant dans la nécessité, lorsque nos besoins l'exigent, d'acheter à des prix bien plus élevés, il est à supposer que dans une période de dix ans le produit de nos ventes serait absorbé par des achats d'une quantité moitié moindre de grains.

Le seul moyen, selon moi, d'obtenir une juste mesure à cet égard consisterait en une réserve quelle qu'elle fût, qui aurait pour effet de faire disparaître une partie de l'abondance en denrées disponibles; en sorte que les grains qui recevraient cette destination, au lieu d'avoir passé à l'étranger, se retrouveraient pour les besoins de tous dans des momens de disette ou de trop grande cherté.

Cette vérité a été bien jugée par un député qui, lors des discussions relatives à la loi de 1821 sur les grains, a dit à la tribune :

« Qu'il faudrait une réserve permanente d'un an, afin
» de pouvoir sans danger laisser écouler dans l'intérieur ou
» passer à l'extérieur tout l'excédant, sans aucune limite de
» prix. »

J'avoue que cette opinion contraste avec celle de beaucoup de personnes, qui pensent que le commerce des grains devrait toujours être libre, aussi bien dans les temps de pénurie que dans les temps d'abondance ; mais pour cela il faudrait que toutes les nations fussent mues par une seule volonté et qu'il y eût réciprocité entre elles. Malheureusement l'expérience a prouvé le contraire ; car en 1816 et 1817, la Prusse, la Hollande, l'Autriche et tous les États d'Italie défendirent expressément la sortie de leurs grains, chose qui peut se renouveler en pareille occurrence. On doit en conclure qu'en France, dans un temps de disette, une autorisation donnée par le Gouvernement à la sortie des grains changerait une demi-calamité en une calamité tout entière.

CHAPITRE II.

DE CERTAINES AFFAIRES EN GRAINS, QUI, SANS ÊTRE PRÉCISÉMENT DE MONOPOLE, ONT TOUJOURS UN EFFET AUSSI FUNESTE POUR LE PEUPLE, LORS DE PÉNURIES.

En raison de l'immense population de la Capitale, on doit regarder comme constamment utiles et toujours sans danger les vastes moulins qui l'avoisinent, parce que ses habitans n'ont ni l'habitude ni les facilités de pourvoir à leur subsistance, et qu'il existe à proximité une quantité de blé suffisante pour leur consommation.

En effet, j'admets le cas où les propriétaires de ces moulins feraient des achats considérables de grains ; qu'ils les conservent en nature ou qu'ils les réduisent en farine, il suffit que ces établissemens soient sans cesse à la disposition des boulangers et des marchands de farines qui alimentent Paris, pour arrêter ou du moins pour paralyser le monopole.

Mais je ne pense pas que l'on doive envisager de même certains moulins construits depuis quelques années dans l'intérieur, notamment dans les départemens de l'est, qui, la plupart, méritent de fixer l'attention sous le double rapport d'une trituration considérable et d'une immense centralisation de grains pour le compte des meuniers.

Ces moulins ont été construits sous le prétexte de procurer des farines à quelques grandes villes du royaume, principalement à celles du midi; mais il est à remarquer, d'une part, que, excepté Paris, il n'est aucune ville de France dont la population soit assez nombreuse pour nécessiter une pareille précaution, et d'une autre qu'il y avait déjà auparavant sur la Saône, le Rhône, etc., des moulins publics propres à suffire à tous les besoins.

A ce sujet, une question importante se présente, celle de savoir si de pareils établissemens ne dérogent en rien à un état naturel et convenable de choses, ou si, au contraire, leur effet n'entraîne pas de graves inconvéniens.

Pour résoudre cette question, on doit examiner :

1°. A quel degré de fortune ces moulins peuvent conduire les personnes qui les exploitent;

2°. Quelle influence peut avoir, à l'égard de divers intérêts majeurs, une fortune faite rapidement et devenue trop considérable pour être employée au commerce des grains.

L'expérience a prouvé,

Sur le premier point ,

Qu'au moyen de mécanismes précieux et de raffinemens poussés au dernier degré, il arrive que, dans les temps d'abondance, les gains journaliers de trituration sont certains et en proportion des quantités triturées ; qu'avec un capital primitif quelconque et ces gains de gros achats se font, se renouvellent et s'augmentent sans cesse, et que lors de pénuries ou de simple cherté tout se vend, n'importe à qui, ni pour quel lieu, avec des bénéfices doubles, triples et parfois plus élevés, et que par conséquent la fortune de ces meuniers devient colossale en peu de temps.

Sur le second point ,

Qu'à la moindre apparence de disette tous les agens de ces meuniers achètent dans les campagnes et près des marchands ordinaires presque tous les grains disponibles, puis les enlèvent immédiatement.

Que souvent, et en peu de jours, toutes les denrées qui avaient été ainsi concentrées disparaissent, soit pour être vendues ailleurs à des prix avantageux, soit pour remplir des marchés, sans égard à ce qui peut en résulter pour les habitans des contrées voisines qui ont produit les denrées.

Que les vignerons et les journaliers des campagnes, qui autrefois avaient le soin de destiner quelques économies à une partie de leurs provisions de l'année et de recommander aux laboureurs, qu'ils secondent dans leurs travaux agricoles, de leur conserver des grains, trouvant, dans les momens d'abondance, des farines de 3e. et 4°. qualité (d'un mauvais usage, il est vrai, surtout pour ceux qui se livrent à un travail pénible, mais à bas prix), ayant perdu, par ce motif, leur ancienne et bonne habitude, se trouvent par suite tout à coup sans ressources, ni chez eux, ni chez les laboureurs, ni chez les meuniers, ainsi que cela est arrivé plusieurs fois, surtout en 1817, à l'égard des habitans de la Haute-Saône, des Vosges, de la Haute-Marne, du Doubs, de la Côte-d'Or, etc.

Que les marchands ordinaires de grains, ceux qui, ainsi que je l'ai déjà observé, sont si utiles aux cultivateurs, au moyen d'achats journaliers, sont successivement ruinés par l'effet de l'impulsion funeste qu'ont ces meuniers sur le commerce des grains, à cause des hausses et des baisses de prix que leur fortune les met à même d'opérer dans leur unique intérêt.

Que les suites de cette ruine sont des faillites

nombreuses, le discrédit, un grand préjudice pour les laboureurs, par le défaut de concurrence pour les achats, et la stagnation de toutes les branches de commerce.

Que pour réparer autant que possible le mal, l'Autorité première se voit obligée souvent de faire elle-même des dispositions pour, à tel prix que ce soit et avec grande perte pour l'État, faire arriver des secours dans les contrées ainsi dépourvues.

Enfin, que lors même que, par prudence, le Gouvernement ne se mêle qu'avec la plus grande réserve de ce qui touche aux subsistances, il arrive que presque tout le commerce des grains reste à quelques individus seulement, lesquels, avec d'énormes capitaux, y ont une initiative aussi funeste, à bien des égards, qu'elle est absolue.

Voilà l'historique véritable des choses. C'est au Gouvernement à juger maintenant ce qu'il convient de faire à cet égard, principalement pour les temps de disette ou de grande cherté.

CHAPITRE III.

DES INNOVATIONS INTRODUITES DEPUIS PEU DANS LA CULTURE DES TERRES, LESQUELLES, EN AJOUTANT A CERTAINS PRODUITS, VIENNENT EN DIMINUTION DE CEUX EN GRAINS.

Il s'est opéré depuis trente à trente-cinq ans, tant en raison de l'accroissement de la population que pour d'autres causes qui touchent essentiellement aux intérêts de l'État, des changemens dans la culture qui ont pour objet de rendre plus considérables les produits en bois, vins, tabacs, denrées indigènes reconnues propres à être substituées aux denrées coloniales, et en fourrages.

Il résulte, à la vérité, de ces changemens de grands avantages qui sont :

En ce qui concerne l'économie domestique,

D'avoir en certains articles tout ce qui est nécessaire à la consommation, et en d'autres une abondance, de laquelle se ressentent toutes les classes de la population ;

En ce qui regarde les intérêts de l'État,

De conserver en France le numéraire formant la valeur des denrées coloniales auxquelles des denrées indigènes sont substituées; numéraire qui autrefois passait à l'étranger.

Mais comme, pour parvenir à ces fins, on a employé à des plantations de vignes et bois des terrains consacrés auparavant à l'agriculture et que, pour étendre la culture d'autres articles, les emblavures sont reculées, les unes d'un et deux ans, les autres (celles dans les terres où il y a eu de la luzerne) de trois et quatre ans, il s'ensuit qu'il y a entre les produits actuels en grains et ceux d'il y a quelques années une diminution, qui ne peut manquer d'être très considérable.

Or, en cas d'une disproportion trop grande entre l'accroissement d'une part et la réduction d'une autre, ne serait-il pas à craindre que cette circonstance, qui serait déjà très fâcheuse dans des temps de récoltes moyennes, ne devînt une véritable calamité lors de mauvaises récoltes (celles qui amènent les disettes), à défaut surtout d'une réserve de grains ? Mais comme une longue expérience et de nombreuses remarques peuvent, seules, donner la solution de cette question importante, je laisse aux agronomes célèbres et aux économistes profonds qui constamment ont les vues fixées sur ce point essentiel de l'intérêt pu-

blic le soin de la résoudre d'une manière convenable.

CHAPITRE IV.

DES MOYENS DE PRÉSERVER LA FRANCE DES DISETTES ET DE LA CHERTÉ DES GRAINS.

ARTICLE PREMIER.

GRENIERS PUBLICS (ET LEUR EMPLACEMENT CONVENABLE SANS AUCUNS FRAIS DE CONSTRUCTION).

Chez toutes les nations bien administrées, il a toujours été pourvu, par des approvisionnemens de réserve pour un temps plus ou moins considérable, à la subsistance du peuple. Les pays qui n'ont que peu de ressources locales ont eu sans cesse un soin particulier de se prémunir contre les disettes, au moyen d'achats faits dans les momens les plus favorables, en calculant l'importance de ces achats sur la difficulté ou la facilité de les renouveler, soit en raison de prohibitions probables, soit à cause du plus ou moins de distance des lieux d'où se tirent les matières.

A ce sujet, on ne voit rien de plus exemplaire que la sagesse avec laquelle les Cantons suisses sont régis. Il existait autrefois dans cette république un approvisionnement pour la consommation de deux ans, maintenant encore il s'y en fait d'assez considérables, et lors de trop grande cherté, les magasins de réserve sont ouverts, et la distribution au public se fait avec ordre, dans une juste proportion et à des prix modérés, de manière que ce peuple, dont la majeure partie est composée d'artisans et de gens à métiers, est constamment préservé de la disette et de la ruine, qui en est ordinairement la suite.

Même précaution était prise chez les Romains, et chose admirable et qui fait la gloire de leur gouvernement, c'est que, dans un temps de calamité, ils purent prélever sur leur réserve ce qui était nécessaire pour sauver de la famine leurs alliés.

En France, il en est tout autrement. Trop confiantes aux ressources locales, jamais les premières Autorités n'ont avisé aux moyens d'une réserve, ne fût-ce que pour un mois : aussi n'y a-t-il pas une des classes moyennes du peuple, sans même excepter quelques fermiers peu aisés et chargés de nombreuses familles, qui, dans les temps de pénurie, ne soient exposés à éprouver une ruine entière, et même plusieurs de ces der-

niers à se trouver dans l'impossibilité de continuer la culture de leurs fermes, à moins d'être
secourus par les propriétaires.

Cependant, la gravité de certains événemens
successifs ayant donné l'éveil et fait concevoir
des craintes pour l'avenir, on manifesta, dans un
temps, l'intention de construire en France des
magasins d'abondance, et si leurs quantité et répartition eussent été bien calculées, il serait à
regretter que l'exécution n'en eût pas eu lieu. Il
devait y en avoir quatre, dit-on, et on s'est borné
à un seul pour la Capitale. J'ignore quel est le lieu
que l'on avait fixé pour les autres ; mais, selon
moi, outre que ce nombre serait loin d'être suffisant, leur construction en serait devenue plus
dispendieuse qu'utile ; car l'important n'est pas
de centraliser les ressources, mais bien de les
placer de manière à éviter des frais onéreux de
transports aux habitans lorsque le Gouvernement
aurait à venir à leur secours dans des temps de
disette ou de cherté.

A cet égard d'autres considérations qui ne sont
pas d'un intérêt moindre viennent encore à l'appui de mon opinion ; elles consistent en ce que :

Les transports à effectuer par les départemens
éloignés pour conduire leurs contingens dans ces
grands magasins, étant très dispendieux, devien-
draient par trop onéreux aux propriétaires de voi-

tures et principalement aux laboureurs , qu'une longue absence détournerait ainsi de leurs travaux d'agriculture ;

D'un autre côté, la construction de ces magasins exigeant beaucoup d'années, il serait fort à craindre que, pendant ce temps, la France ne fût de nouveau et plusieurs fois affligée de disettes, qu'il convient, au contraire, de prévenir le plus tôt possible ;

De plus, en cas d'incendie d'un magasin, la perte serait énorme tant sous le rapport de la localité que sous celui des denrées ;

Et enfin, en temps de guerre, par la même raison qu'une place forte (surtout à cause des munitions et des approvisionnemens qu'elle contient) fait l'objet des plus grands efforts de l'ennemi, de même il serait à craindre que des magasins aussi considérables ne fussent, malgré un certain éloignement, le motif soit d'une invasion, soit d'une expédition hardie et momentanée, c'est à dire calculée sur le temps suffisant seulement pour le prompt enlèvement des denrées.

Toutefois, il y a trois autres cas supposés pour l'adoption d'un mode d'établissement de magasins publics, parmi lesquels il conviendrait de fixer un choix qui présentât le moins d'obstacles et le plus d'avantages possibles.

L'un serait un magasin général par département,

L'autre, une réserve dans chaque commune;

Et le troisième, un magasin par arrondissement.

Il est à observer que, bien que moins grands, les mêmes inconvéniens que ceux dont je viens de parler ci-dessus se feraient sentir dans l'établissement d'un magasin par département, tant sous le rapport du coût de la construction qu'en cas d'incendie; que le déplacement, ainsi que les frais de voyage et de transports pour effectuer l'emmagasinage d'une part, et pour aller prendre livraison d'une autre, seraient aussi très dispendieux; enfin, que la difficulté d'opérer une répartition juste et en temps utile, soit sur bons des maires, soit sur arrêtés des sous-préfets (sans compter d'autres complications et entraves), serait presque invincible.

L'établissement d'une réserve par commune semblerait être le moyen le plus naturel et en même temps le moins dispendieux; cependant son adoption paraît présenter beaucoup d'obstacles, parmi lesquels on doit placer en première ligne la confusion qu'une semblable mesure apporterait à la comptabilité générale d'une Administration publique, et le peu de force qu'auraient les maires de quelques communes pauvres et isolées, pour s'opposer à certains désordres que pourraient susciter des ennemis de l'État ou des perturbateurs de la tranquillité publique ;

Le cas où des communes, éprouvant des besoins extraordinaires, se trouveraient réduites à leurs seules ressources reconnues insuffisantes, tandis que d'autres communes se trouveraient plus ou moins abondamment pourvues ;

Enfin, les avaries qui pourraient provenir du peu de précautions de quelques maires à maintenir les grains dans une bonne condition ; car l'objet n'étant pas très important, il serait à craindre que l'on n'y donnât pas les mêmes soins comme pour une masse de denrées plus considérable.

Le système d'un magasin par arrondissement paraîtrait donc être le plus convenable sous tous les rapports : en effet,

1°. Il éviterait la construction de greniers publics, et rarement on serait obligé de payer des loyers ; car il y a toujours dans chaque chef-lieu un établissement public quelconque, tel qu'un hôtel de ville, des casernes, des hôpitaux, etc., où il existe de vastes et bons greniers ;

2°. Les frais de voyage et de transport seraient insignifians, attendu qu'un individu du lieu le plus éloigné pourrait, dans un jour, aller au chef-lieu d'arrondissement et ramener à sa famille les secours nécessaires ;

3°. Dans un chef-lieu, le sous-préfet est investi

d'une autorité suffisante pour comprimer les malveillans ;

4°. Ce magistrat est toujours à portée de connaître le degré de besoin ou de misère dont peuvent être affectées telles ou telles communes : par
cela même, les secours seraient plus utilement et
plus promptement accordés, et, en raison d'un
nombre de voitures inférieur à celui qu'il faudrait pour aller au département, il y aurait plus
de célérité dans la livraison et moins de partialité
dans la répartition ;

5°. Dans la plupart des chefs-lieux, il y a gar-
nison ou garde nationale et toujours de la gendar-
merie, ainsi qu'une police suffisante pour s'opposer à tout désordre ;

6°. Au moyen d'une pareille réserve, les habitans, ayant la certitude de ne jamais manquer
de ce qui est nécessaire à leur existence, n'auraient, par conséquent, aucun motif ni de mur-
murer ni de se plaindre ;

7°. Personne mieux que les sous-préfets ne
pourrait connaître les moyens économiques de
remplacement de grains, ni les mettre en usage
d'une manière plus convenable ;

8°. En cas d'incendie, les denrées se trouvant
réparties en plusieurs locaux, la perte n'en pourrait jamais être très considérable ;

9°. Enfin, par un mode général indiqué, il

serait, sous la responsabilité de l'Autorité com-
pétente, pourvu aux moyens de conserver les
grains dans une parfaite condition.

ARTICLE II.

IMPORTATIONS.

Il est démontré que, dans les temps d'abondance, le Gouvernement doit faire son possible
pour que les denrées soient à un taux convenable et en conséquence s'opposer à l'introduction pour la consommation de celles provenant
de l'étranger, dont la vente serait d'une concurrence funeste à notre agriculture, et facilite-
rait la sortie du numéraire. Il ne doit pas avoir
une attention moins particulière à favoriser les
arrivages de grains lors de pénurie.

Dans cette seconde hypothèse, deux moyens
offrent ensemble la perspective d'obtenir le résultat que l'on peut désirer :

Le premier serait la levée de droits sur les
navires siciliens, barbaresques et autres ;

Le second serait d'accorder une prime aux capitaines de ces navires, basée sur l'importance de
nos besoins, d'une part, et de l'autre calculée sur
le degré d'abondance présumée dans les pays qui
autoriseraient l'exportation de leurs grains.

Il serait à désirer, autant pour l'intérêt de l'a-

griculture que pour celui du peuple, que, lors
de bonnes comme lors de mauvaises récoltes, on
pût constamment maintenir les grains à un prix
modéré et à peu près égal. A cet effet, il appar-
tient au Gouvernement d'établir une certaine
balance, soit parfois en employant les moyens de
fermeté que des événemens extraordinaires peuvent nécessiter, soit, dans d'autres cas opposés,
en usant de modifications qui dépendent d'une
bonne et vigilante administration.

A la vérité, on ne pourrait d'avance préciser la
conduite à tenir pour les temps de pénurie, cela
devant être proportionné à tel ou tel degré de
rareté de denrées; mais au moyen d'une appré-
ciation aussi positive que possible, et qui peut
être faite immédiatement après chaque récolte,
on peut toujours être à même de prendre des
mesures de circonstances, commandées par un
besoin plus ou moins grand.

ARTICLE III.

PROJET D'UN APPROVISIONNEMENT DE TROIS MOIS POUR TOUTE LA
FRANCE, ET MOYENS DE L'EFFECTUER SANS QU'IL EN COUTE RIEN
AU TRÉSOR.

Pour faire un approvisionnement de trois mois
pour toute la France, il serait à propos d'évaluer
à une livre et demie de pain (poids de marc) ce
qui est nécessaire à la subsistance d'une personne,

si la consommation des vieillards et des enfans,
moindre que celle des individus de l'âge moyen,
n'en rendait l'ensemble bien inférieur à cette quantité. On peut donc, en s'éloignant peu de ce qu'exi-
geraient ces trois degrés de consommation, ne
porter la réserve en grains qu'à une livre par jour
pour chaque individu.

Quoique le blé ne rende en farine que les trois
quarts de son poids, il faut néanmoins regarder
une livre de blé comme figurant une livre de pain,
attendu que trois quarts de livre de farine donnent effectivement une livre de pain.

En conséquence, un approvisionnement de
trois mois pour toute la population devrait, au
moyen de la compensation ci-dessus, consister
en 90 livres de blé par individu.

Lors de bonnes récoltes, le blé coûte ordinairement en France,

Savoir :

Dans les provinces très productives, le quintal
(marc). . . . .   7 fr. 5o c.
Dans celles d'un moyen produit. .   1o   »
Dans celles dont les récoltes ne
    sont pas à beaucoup près suffi-
    santes pour la consommation lo-
    cale (la Provence, par exemple),

A reporter. . . . .   17 fr. 5o c.

D'autre part. . . . . .   17 fr. 5o c.

il coûterait en l'achetant ailleurs,

frais de transport compris. . . .   12   5o

Ensemble. . . . .   3o   »

Donc, le taux moyen d'un quintal

de blé (marc) serait, pour toute

la France, de. . . . .   1o   »

Ce qui, à raison de 9o livres par personne, ferait, pour trois mois seulement, une mise de 9 francs.

C'est d'après cette base que l'approvisionnement de trois mois devrait être calculé, et en multipliant les trente millions d'habitans qui composent la population, par 9 fr. pour chacun, sa valeur représentative en grains s'élèverait à 270,000,000 fr.

Divers moyens, la plupart très simples et d'une pratique facile, se présentent pour, dans l'espace de trois années, parvenir à compléter cette réserve. Ils ne gêneraient point la classe riche, ne surchargeraient pas les classes aisée et moyenne, et n'atteindraient point le peuple pauvre, ni n'obéreraient le Trésor.

Pour cet effet, il me paraît d'abord convenable de diviser les habitans en quatre classes.

La première, consistant en gens riches, et qu'on peut évaluer au tiers de la population, qui est de dix millions d'individus, pourrait réaliser en nature son contingent de 90 livres de blé en deux ans, entre les mains des maires, qui en feraient effectuer le transport au magasin du chef-lieu d'arrondissement.

La deuxième, que l'on peut évaluer au même nombre, et qui, quoique moins riche, jouit de ressources suffisantes pour avoir une participation égale à l'approvisionnement, devrait avoir trois années pour verser, de la même manière que ci-dessus et par tiers égaux, son contingent, qui serait, par conséquent, de 90 livres de blé.

La troisième, qui est la classe moyenne, et qui peut être évaluée au sixième de la population, ne pouvant, sans se gêner, coopérer à cette réserve que pour moitié de sa consommation de trois mois, aurait trois années pour, au moyen de livraisons égales, d'année à année, fournir son contingent, qui serait seulement de 45 livres, poids de marc, par individu.

La quatrième, qui peut être aussi d'un sixième, étant tout à fait indigente, ne devrait coopérer en rien à l'approvisionnement.

Ainsi donc, pour la portion des indigens et pour la moitié de celle de la troisième classe, il faudrait pourvoir à l'approvisionnement par tout

autre moyen que celui d'une fourniture person-
nelle, attendu que de puissans motifs exigent que
la classe indigente, surtout, n'entre pour rien
dans cette première mise, afin de lui ôter tout
prétexte de se croire en droit d'exiger des moyens
de subsistance qui ne devraient lui être délivrés
que dans le cas d'urgence absolue.

Partant de la répartition ci-dessus, et d'après
les motifs que je viens de déduire, voici ce qui
resterait en souffrance pour arriver à compléter
un approvisionnement général de trois mois, et
à quoi il conviendrait de pourvoir par les mesures
les plus convenables :

Pour la portion que la troisième classe serait
    dispensée de fournir, consistant au douzième
    de l'approvisionnement, ci. 22,5oo,ooo fr.
Et pour celle de la classe pau-
    vre, qui en forme le sixième,
    ci. 45,ooo,ooo

TOTAL. . . . 67,5oo,ooo fr.

Ce serait donc à une somme de 67,5oo,ooo fr.
que se réduirait toute la difficulté pour établir
le principe d'une institution dont dépendraient le
bonheur du peuple et la sûreté de l'État.

Si, comme je viens de l'expliquer, on peut fa-
cilement, sans grever les classes riche, aisée et

moyenne, réunir en trois ans environ les deux tiers d'un approvisionnement de trois mois pour toute la France, l'essentiel du projet serait déjà rempli : dès lors, plus de prétextes parmi le peuple, et par conséquent plus de crainte de troubles ni d'émeutes pour les autres classes.

On ne devrait donc pas s'arrêter à la difficulté causée par l'impossibilité où se trouve la classe moyenne de fournir l'autre moitié de sa quote-part, ainsi que la classe indigente, de participer aucunement à la sienne. Le Gouvernement lui-même est fortement intéressé à contribuer aux dépenses de l'institution proposée, car les sacrifices qu'il s'est vu contraint de faire depuis 1812 jusqu'en 1817, évalués approximativement à la somme de 70 millions, doivent être pour lui un antécédent redoutable, et devenir un véhicule puissant pour l'engager à autoriser et à seconder l'adoption d'une mesure dont l'effet certain serait de prévenir le retour d'une calamité qui, surtout en 1816 et 1817, a porté la misère à son comble dans la plupart de nos départemens.

Mais si, pour ne point augmenter ses charges, l'État préférait qu'on usât d'autres moyens pour parfaire le complément de la réserve de grains, je vais indiquer ceux qui, dans ce cas, sembleraient les plus efficaces; ce serait :

1°. D'ouvrir dans chaque mairie un registre

pour recevoir les souscriptions des citoyens riches, qui, tous, se feraient, à n'en pas douter, un plaisir de concourir, tant pour leur propre tranquillité que par humanité, à assurer l'existence des infortunés;

2°. D'établir pour cet effet un tronc dans chaque église, pour recevoir les dons des personnes charitables;

3°. De recevoir en nature ce que, en sus de leur quote-part, quelques particuliers pourraient verser sur le contingent des pauvres de leur commune;

4°. Enfin, de destiner à cet objet une partie des revenus communaux, dans les lieux qui, n'ayant point de redevances, pourraient en disposer pour le tout ou partie seulement de ce qu'exigerait le nombre d'individus des troisième et quatrième classes.

Il y a tout lieu de croire alors que l'ensemble de toutes ces mesures amènerait la prompte réalisation du contingent de ces deux classes.

ARTICLE IV.

REMPLACEMENT DES GRAINS DE RÉSERVE.

Après une livraison faite au peuple de denrées provenant du magasin de réserve, il serait nécessaire de faire un inventaire de celles qui resteraient, afin d'en constater le déchet.

Le montant des déboursés pour frais de manu-tention, une fois rentré par suite de la livraison, serait mis à part, pour, lors de nouveaux achats, être exclusivement employé à l'acquittement de la main-d'œuvre à venir.

La somme nette provenant du prix principal des grains serait employée aux achats qu'il con-viendrait d'effectuer après la récolte, de préfé-rence sur les marchés ou dans les campagnes voi-sines, toutes les fois que les prix le permettraient.

Dans le cas où sur les lieux la rareté ou la trop grande cherté serait un obstacle à ce que le rem-placement pût se faire convenablement, et que l'on verrait la possibilité de l'effectuer plus avan-tageusement ailleurs, il serait nécessaire que le sous-préfet déléguât trois ou cinq des principaux maires de l'arrondissement, connus par leur in-telligence, leurs connaissances sur les grains et leur probité, pour aller faire, avec soin et éco-nomie, les achats nécessaires.

S'il arrivait que ni sur les lieux ni ailleurs il ne fût possible d'opérer les remplacemens avec le produit des grains livrés, il serait nécessaire alors, tant pour parfaire la différence du prix que pour le remplacement du déchet de magasin, de faire un appel aux cinq mille, huit mille ou dix mille plus imposés de l'arrondissement, afin d'y pourvoir par voie de souscription : il n'en est aucun, je pense, qui, dans l'occurrence, tant pour sa sécurité que pour le soulagement du pauvre, ne s'y prêtât avec empressement.

ARTICLE V.

SEMENCES A PROCURER AUX CULTIVATEURS VICTIMES DE LA GRÊLE ET DES INONDATIONS.

La grêle et les inondations sont les plus terribles fléaux dont puissent être victimes les cultivateurs. Joint à la perte immense qui en résulte, il est rare qu'en pareil cas on puisse tirer des débris d'une récolte les semences nécessaires et convenables pour les emblavures prochaines; car il est à remarquer que les blés de semences se prennent toujours dans ceux de la récolte, qui vient de se faire, et jamais dans les vieux blés qui ne sont plus propres à la germination. Ce qui ajoute infiniment à ces funestes accidens, c'est la dépense pécuniaire que le laboureur est obligé de faire pour se procurer ailleurs et à de très hauts prix des blés de semences.

Je pense donc qu'il est très important de trouver un moyen propre à préserver à l'avenir d'une dépense aussi onéreuse les cultivateurs victimes de ces événemens, et je vais en présenter un qui paraîtra sans doute aussi salutaire que simple.

Environ six semaines avant l'ouverture de la

récolte, et sur les délibérations prises par les conseils municipaux , il faudrait que le maire de chaque commune adressât au sous-préfet de son arrondissement un état contenant les noms des
laboureurs qui auraient éprouvé des dommages ,
le nombre d'arpens que chacun aurait à ensemen-
cer et celui des mesures de blé nécessaires à cet effet, avec une colonne d'observations pour y an-
noter les causes des pertes éprouvées.

Le sous-préfet apprécierait la validité des de-
mandes , et après les avoir , soit rejetées , soit ap-
prouvées , soit modifiées , il en adresserait au préfet l'état général avec l'indication des moyens d'y
satisfaire par d'autres communes de son arrondissement qui n'auraient pas éprouvé les mêmes
accidens.

Au vu de cet état, le préfet prendrait un arrêté
en vertu duquel les communes composant tel ou
tel arrondissement devraient fournir , d'urgence ,
au magasin du chef-lieu une certaine quantité de
blé de semences pour recevoir de suite en échange
pareil nombre de mesures en vieilles denrées du
magasin public. Si un arrondissement avait été
généralement grêlé ou inondé, un ou plusieurs
autres arrondissemens devraient être requis par le
préfet de venir à son secours au moyen de la fourniture d'une quantité déterminée de grains de
semences, laquelle serait également transportée

par les communes au chef-lieu d'arrondissement.

Toutefois , lorsque les besoins ne seraient pas considérables, au lieu de faire contribuer toutes les communes d'un arrondissement, on pourrait se borner à en faire fournir seulement le quart, le tiers ou moitié, et ainsi de suite en alternant d'année à autre.

La délivrance de ces denrées de semences devrait être faite dans le chef-lieu d'arrondissement aux maires de chaque commune, soit contre des espèces, aux prix de la cotisation générale des blés du magasin d'abondance, soit contre la promesse, garantie par le conseil municipal, d'en faire le remplacement immédiatement, après l'autre récolte, par même quantité de belles denrées.

Les semences, une fois rendues dans chaque commune, seraient ensuite distribuées aux particuliers, conformément à la liste remise à cet effet au maire par le sous-préfet.

Il n'y a pas de doute qu'en outre d'un aussi grand service rendu à l'humanité, l'agriculture en général se ressentirait bientôt, au moyen d'une amélioration dans les produits, du bon effet de cet échange ; car il est reconnu que, pour faire fructifier la terre, il est à propos que, tous les trois, quatre ou cinq ans, il y ait transposition de semences d'une contrée à une autre, sans quoi il y a dégénération.

CHAPITRE V.

D'UNE ADMINISTRATION PUBLIQUE POUR LES SUBSISTANCES.

SECTION PREMIÈRE.

COMMISSION D'ADMINISTRATION.

La commission d'administration publique pour les subsistances devrait être composée de sept personnes, dont : un conseiller d'État, un membre du Tribunal de commerce de Paris, deux membres du Comité d'agriculture, un négociant, et deux membres de la Société d'encouragement pour l'industrie nationale.

Elle aurait un secrétaire.

Comme elle serait le principal mobile de l'institution, c'est de sa sagesse et de sa prévoyance que devrait résulter l'heureux effet qu'il y aurait lieu d'en attendre.

Elle devrait s'assembler tous les huit jours pour prendre connaissance des rapports qui lui seraient soumis par le directeur général, et, après en avoir discuté le contenu, elle en ferait le sujet d'une délibération, qui serait immédiatement adressée au Ministre de l'intérieur. Si l'objet de cette délibération paraissait être au Ministre d'une importance assez majeure, il pourrait en référer au Conseil des Ministres. Enfin, lorsque le Conseil des Ministres ou le Ministre de l'intérieur aurait prononcé, la Commission en transmettrait la décision au directeur général, qui demeurerait spécialement chargé de son exécution.

Le registre des délibérations serait soumis tous les ans aux Chambres.

(69)

SECTION II.

ORGANISATION DE L'ADMINISTRATION.

ARTICLE PREMIER.

SA COMPOSITION.

DIRECTION GÉNÉRALE
SÉANT A PARIS.

- 1 Directeur général.
- 1 Sous-directeur.
- 1 Chef de bureau.
- 1 Sous-chef de bureau.
- 4 Commis aux comptes.
- 4 *idem* à la correspondance.
- 2 Employés ordinaires.

AGENCES
DANS LES DÉPARTEMENS.

- 14 Agens dans les départemens, dont 13 qui auraient chacun 6 départemens, et un qui en aurait 7.
- 14 Commis aux comptes.
- 14 *idem* à la correspondance.

AGENCES
SUR LES PORTS DE MER.

- de 1re. classe. { Agens, 16. Commis, 16.
- de 2e. classe. { Agens, 10. Commis, 10.
- de 3e. classe. { Agens, 10. Commis, 10.

INSPECTIONS
dans les départemens
ET SUR LES PORTS DE MER.

- 6 Inspecteurs tant dans les départemens que sur les ports de mer, dont 5 auraient chacun 14 départemens et un en aurait 15.
- 6 Secrétaires.

Garde-magasins 356, dont un par arrondissement.

ARTICLE II.

DÉSIGNATION DES PORTS DE MER OU DES AGENCES DEVRAIENT ÊTRE ÉTABLIES.

AGENCES

DE 1ʳᵉ. CLASSE.	DE 2ᵉ. CLASSE.	DE 3ᵉ. CLASSE.
Bayonne.	Fécamp.	Ambleteuse.
Bordeaux.	Granville.	Blaye.
Boulogne.	Honfleur.	Barfleur.
Brest.	Lorient.	Concarneau.
Calais.	Marennes.	Coutances.
Cette.	Morlaix.	Gravelines.
Cherbourg.	Quimper.	Le Croisic.
Dieppe.	Royan.	Noirmoutier.
Dunkerque.	Saint-Malo.	Paimbœuf.
Le Hâvre de Grâce.	Vannes.	Saint-Brieu.
La Rochelle.		
Marseille.		
Nantes.		
Rochefort.		
Rouen.		
Toulon.		

SECTION III.

DEVOIRS ET FONCTIONS.

Du Directeur général.

Le projet d'organisation pour tout l'ensemble de l'administration, principalement pour l'établissement des comptes généraux à la Direction et pour l'adoption d'un mode uniforme pour les comptes secondaires chez les agens, tant dans les départemens que sur les ports de mer, ainsi que pour les comptes particuliers dans chaque arrondissement, devrait être soumis à la Commission par le Directeur général. La Commission, après avoir demandé l'assentiment du Ministre de l'intérieur, ayant approuvé ou fait quelques changemens aux dispositions proposées, en prescrirait l'exécution, à laquelle serait soumis le Directeur général.

C'est à cette Direction que les inspecteurs devraient adresser leurs rapports.

C'est aussi avec elle que devraient correspondre les agens, et même si, en cas d'urgence et pour plus de célérité, elle jugeait convenable de demander directement quelques renseignemens aux garde-magasins d'arrondissemens, ceux - ci devraient, dans ce cas seulement, entrer en relations avec elle.

Tous les ans, le 15 août, après avoir recueilli les renseignemens qui devraient lui être fournis par les inspecteurs et les agens, la Direction établirait son rapport général sur la situation des subsistances, tellement détaillé et précisé que, d'après son contenu, il pût être facile à la Commission de proposer au Ministre de l'intérieur les moyens les plus convenables pour donner sur tous les points ou sur quelques contrées seulement du royaume de l'écoulement à nos denrées, ou, au contraire, lors de mauvaise récolte, pour que des mesures fussent prises, afin de favoriser les arrivages de grains étrangers. De même que dans le cas d'abondance dans quelques contrées de la France et en même temps de pénurie dans d'autres, la Direction mettrait à même la Commission de juger si, nonobstant le reversement des excédans de consommation sur divers points nécessiteux, il devrait, ou non, être touché, dans le cours de la campagne, aux denrées de réserve.

Des agens dans les départemens.

Les agens dans les départemens se conformeraient ponctuellement au mode adopté par la Direction, tant pour leur comptabilité envers elle que pour leurs relations envers les garde-magasins qui seraient immédiatement placés sous leur autorité et sous la surveillance des sous-préfets.

A la fin de chaque trimestre, ils recevraient des garde-magasins un état détaillé par commune des versemens de denrées, ainsi que des frais qui auraient été faits.

Ils devraient en outre

1°. Établir, pour chaque arrondissement et par trimestre, un relevé sommaire de la situation des magasins et l'adresser à la Direction ;

2°. Se conformer aux instructions pour la correspondance et pour les relations entre eux et les inspecteurs ;

3°. Faire exécuter par les garde-magasins tous les ordres émanans de la Direction générale ;

4°. Adresser à la Direction, le 1er. août de chaque année, un compte général par arrondissement, indiquant

L'effectif qui existait en magasin au 1er. août de l'année précédente,

Les denrées reçues depuis,

Les livraisons effectuées,

Les denrées restantes en magasin le jour du dernier inventaire,

Enfin, au moyen des notes que les autorités

locales leur adresseraient à la même époque, ces agens seraient à même de donner sur chaque arrondissement un aperçu, soit sur une abondance, soit sur une pénurie, et, dans ce dernier cas, d'en indiquer les causes. Ces renseignemens, ainsi que ceux déjà transmis par les inspecteurs à la Direction, la mettraient en mesure de faire elle-même son rapport général annuel à la commission.

Des agens sur les ports de mer.

Les agens sur les ports de mer seraient placés sous l'autorité immédiate de la Direction générale.

Le but essentiel de leur établissement serait :

1°. De tenir la main à ce que, dans les temps d'abondance en France, aucun navire étranger ne pût ouvrir la vente de grains sur un port sans que préalablement les droits n'aient été payés ou assurés ;

2°. Que lors de pénurie, cas auquel le Gouvernement prescrit un embargo, il ne fût absolument rien embarqué pour l'étranger et même qu'aucunes denrées ni farines déjà embarquées ne pussent sortir du port ;

3°. De tenir note exacte

Des denrées entrées,

De celles sorties ;

4°. De fournir régulièrement, tous les trois

mois, à la Direction générale un relevé, tant des grains entrés que de ceux sortis;

5°. De lui adresser, le 1er. août de chaque année, le sommaire des entrées et sorties, et d'y joindre les renseignemens qu'ils auraient pu recueillir près des capitaines de navires et autres sur l'état des céréales chez les étrangers, communication qui servirait de données à la Direction, pour, lors de son rapport général annuel, proposer à la Commission d'administration les mesures convenables pour la campagne prochaine.

Ces agens seraient indépendans de ceux de départemens, et ne seraient tenus de correspondre avec eux qu'autant que l'intérêt public et certaines circonstances le nécessiteraient.

Mais ils devraient se concerter avec les préfets et sous-préfets, et réclamer, au besoin, l'appui de la force armée.

Ils seraient soumis à l'autorité des inspecteurs dans les départemens, correspondraient avec eux, et, lors de leurs tournées, leur présenteraient leurs registres, pour être vérifiés et arrêtés.

Des Inspecteurs.

Les inspecteurs recevraient leurs instructions de la Direction générale, et n'agiraient que d'après ses ordres. Tous les ans, ils feraient une tournée dans les départemens qui leur seraient assignés, savoir :

Ceux des départemens méridionaux (1), aux mois d'avril, mai et juin ;

Et ceux des autres départemens, aux mois de mai, juin et juillet.

Lors de leurs tournées, ils auraient le soin de s'assurer du degré de zèle et d'ordre des agens de l'intérieur et des ports dans l'exécution de leurs travaux. Ils vérifieraient les registres des garde-magasins d'arrondissemens, et y apposeraient leur visa. Ils s'informeraient, de lieu en lieu, de tout ce qui mériterait de fixer l'attention sur les récoltes, et prendraient des notes, tant à ce sujet que sur la misère publique ; puis, ils communiqueraient à la Direction leur manière de voir sur tout ce qui pourrait tendre à l'amélioration du sort du peuple.

Ils correspondraient avec les agens des départemens et sur les ports de mer, ainsi qu'avec les premières autorités locales, et, s'ils le jugeaient convenable, dans certains cas, avec les garde-magasins.

Lorsque quelques contrées seraient victimes

---

(1) On devancerait d'un mois l'inspection dans le midi, parce que les récoltes s'y font au moins un mois plus tôt qu'ailleurs.

d'ouragans, d'incendies ou d'inondations, ils se rendraient sur les lieux pour reconnaître les dommages et en adresser leur rapport à la Direction, qui, à son tour, en référerait à la Commission, afin de faire délivrer, s'il y avait lieu, des secours d'urgence.

Ils jugeraient de la salubrité des locaux servant de magasins de réserve, et en ordonneraient, au besoin, le changement.

Ils seraient chargés confidentiellement par la Direction de prêter la main à ce que des denrées de contrées où il y aurait abondance fussent reversées, soit par la voie du commerce, soit par d'autres moyens qui seraient commandés par la prudence, sur celles où de grands besoins se manifesteraient.

Enfin, ils adresseraient tous les ans, le 1er. août, à la Direction un rapport général sur la situation des départemens mis sous leur inspection, dans lequel tout ce qui pourrait servir de base pour les mesures à prendre à l'égard de la campagne prochaine serait mentionné.

Des Garde-magasins.

Comme les entrées en magasins et les livraisons s'effectueraient par les soins des sous-préfets, qui, pendant le temps qu'elles dureraient, pourraient se faire aider dans leurs travaux par des présidens de cantons, les garde-magasins auraient seulement à s'occuper

De faire cribler et remuer les grains à des époques fixes qui seraient indiquées ;

De tenir un registre d'entrée et sortie, avec comptes ouverts, par commune ;

D'avoir un journal pour la dépense de main-d'œuvre ;

De donner pour la main-d'œuvre des certificats, qui, visés par les sous-préfets, serviraient au paiement des ouvriers par la personne préposée à cet effet.

Les garde-magasins, quoique tenant leur institution de la Direction, et dépendans de l'autorité des agens dans les départemens, seraient comptables des denrées envers les sous-préfets, sous la surveillance et responsabilité desquels ils seraient placés à cet égard.

Ils correspondraient avec les agens des départemens, à qui, tous les trois mois, ils adresseraient un état de situation de leurs magasins.

SECTION IV.

DÉPOSITAIRES TANT DES FONDS PROVENANT DE DENRÉES LIVRÉES AU PEUPLE ET DESTINÉES A LEUR REMPLACEMENT QUE DE CEUX POUR FRAIS DE MANUTENTION.

La première mise des grains de réserve à faire par les particuliers étant en nature, il n'y aurait d'abord aucun maniement de fonds.

Mais lors de livraisons au peuple, les maires de chaque commune devraient être chargés de recouvrer près de leurs administrés, tant le prix principal des grains que le montant des frais de manutention auxquels ils auraient donné lieu.

Aussitôt ce recouvrement effectué, la somme représentant les frais de manutention anciens devrait être versée dans la caisse du receveur d'arrondissement pour l'acquittement de ceux à venir.

Quant à la somme nette pour valeur principale des denrées livrées, comme il conviendrait de reporter toujours la réserve à son complet, elle devrait, sous la responsabilité des conseils municipaux, rester entre les mains des maires qui, après la récolte, devraient pourvoir au remplacement des grains, ou, à défaut de possibilité de l'opérer sur les lieux, tenir les fonds à la disposition des sous-préfets, qui y pourvoiraient par les moyens qui sont indiqués à la page 62.

CHAPITRE VI.

FRAIS ANNUELS D'UNE ADMINISTRATION PUBLIQUE POUR LES SUBSISTANCES.

ARTICLE PREMIER.

TRAITEMENT ET FRAIS DE BUREAU A ACCORDER POUR CHAQUE EMPLOI ;
FRAIS DE MANUTENTION ET AUTRES.

DÉSIGNATION DES EMPLOIS ET NATURE DES DÉPENSES.	SOMMES par an	TOTAL.
DIRECTION GÉNÉRALE à Paris.		
1 Directeur général — Appointemens annuels....	24,000	
— Frais de bureau.......	50,000	
1 Sous-directeur, appointemens..	10,000	
1 Chef de bureau, *idem*.........	8,000	125,000 fr.
1 Sous-chef, *idem*.................	6,000	
4 Commis à la correspondance, à 3,000 francs chacun.............	12,000	
4 *idem* aux comptes, à 3,000, *idem*	12,000	
2 Employés ordinaires, à 1,500, *idem*	3,000	
Frais extraordinaires pour première mise de frais de bureau lors de l'organisation....................		50,000
		175,000 *
AGENCES dans les DÉPARTEMENS.		
1 Agent pour 6 départemens......	6,000	
1 Commis à la correspondance par agence.....................	2,000	
1 *idem* aux comptes, *idem*........	2,000	
Frais annuels de bureau, par agence.	2,500	
TOTAL.........	12,500	
Comme il y aurait 14 agences, il faut multiplier ce nombre par les 12,500 fr. que chacune d'elles coûterait.....................		175,000 **
A reporter..........		350,000 fr.

* A cause des frais de première mise pour l'organisation, la dépense affectée à la Direction générale, tant pour appointemens que pour frais de bureau, serait, pour la première année, de. . . . . 175,000 fr.
Mais pour les autres années, elle se réduirait à . . . . 125,000 fr. attendu que la somme de 50,000 fr., pour la première mise de bureau lors de l'organisation, ne devrait plus figurer dans la dépense.

** En multipliant 14 départemens par 6, cela ferait 84 départemens ; mais comme il y en a 85, il s'ensuit que 13 agens auraient chacun 6 départemens, et le 14e. 7.

DÉSIGNATION DES EMPLOIS ET NATURE DES DÉPENSES.	SOMMES par an.	TOTAL.
Report............	....	350,000
AGENCES sur les PORTS DE MER. de 1re. classe. { 1 Agent. Traitement annuel. 6,000 fr. / 1 Commis, 2,000 fr. / Fr^s. annuels de bureau 1,500 fr.		
TOTAL........ 9,500 fr.		
Comme il y aurait 16 agences de 1re. classe, il faut multiplier 9,500 fr. par 16, ci.....................	152,000	
de 2^e. classe. { 1 Agent. Traitement annuel. 4,000 fr. / 1 Commis, 1,500 fr. / Fr^s. annuels de bureau 900 fr.		
TOTAL........ 6,400 fr.		
Comme il y aurait 10 agences de 2^e. classe, il faut multiplier 6,400 fr. par 10, ci	64,000	257,000
de 3e. classe. { 1 Agent. Traitement annuel. 2,500 fr. / 1 Commis, 1,000 fr. / Frais de bureau. 600 fr.		
TOTAL........ 4,100 fr.		
Comme il y aurait 10 agences de 3e. classe, il faut multiplier 4,100 fr. par 10, ci....................	41,000	
A reporter..........	....	607,000

DÉSIGNATION DES EMPLOIS ET NATURE DES DÉPENSES.	SOMMES par an.	TOTAL.
Report	......	607,000 fr.
INSPECTIONS pour les DÉPARTEMENS et sur les PORTS DE MER. — 1 Inspecteur. Traitement annuel.	6,000	
1 Secrétaire. *Idem*	1,800	
Frais de courses par an, présumés à	8,000	
Frais annuels de bureau	1,200	
TOTAL	17,000	
Comme un Inspecteur aurait 14 départemens, il faut multiplier 17,000 fr. par 6	......	102,000 *
GARDE-MAGASINS d'arrondissem. — 1 Garde-magasin. Traitement annuel	1,800	
Frais de bureau	300	
Idem de remuage des grains (4 fois l'an)	800	
Idem de criblage *id.* (2 fois l'an).	725	
Idem de mesurage par an (pour la délivrance annuelle présumée).	625	
TOTAL	4,250	
Comme il y a 356 arrondissemens en France (celui de la Corse non compris), il faut multiplier 4,250 fr. par 356; ce qui fait pour la France continentale...	......	1,513,000 **
TOTAL GÉNÉRAL des frais d'administration pour la première année, dans le cas supposé que l'approvisionnement de réserve fût complet....	......	2,222,000
Et pour la deuxième année et les suivantes, déduction faite des 50,000 fr. une fois payés pour la première mise et également dans le cas supposé d'approvisionnement complet	......	2,172,000

* Chaque inspection aurait 14 départemens, et les ports de mer qui pourraient être compris dans certains départemens à parcourir en feraient aussi partie. Une seule en aurait 7.

** Comme il est à présumer que toutes les années on ne livrerait dans l'ensemble de tous les arrondissemens qu'environ le tiers des denrées de réserve (en supposant toutefois que le complément ait d'abord été réalisé), on ne porte les frais de mesurage qu'à 625 fr. par an ; mais si au contraire on livrait d'une seule fois la totalité de l'approvisionnement, cela coûterait 1,875 fr. Cette dernière somme est calculée sur le pied de 82,000 individus par arrondissement, faisant la 356e. partie de la population française.

Il en est de même pour les frais de remuage et criblage des grains. Les sommes affectées à cette main-d'œuvre sont, comme pour le mesurage, établies d'après des proportions que l'expérience fait donner ici comme certaines.

(85)

Si un arrondissement n'était composé que de quarante et un mille individus , le traitement proportionnel ne serait que de . . . . .   900 fr.

Plus la moitié de ce traitement, en raison de la différence qu'il y a entre quarante et un mille et quatre-vingt-deux mille . . . .   450 fr.

TOTAL du traitement d'un garde-magasin n'ayant que quarante et un mille individus . . . .   1350 fr.

Si un autre arrondissement avait une population de cent vingt-trois mille habitans, le traitement proportionnel serait de . . .   1,800 fr.

Plus, pour les 41,000 fr. en excédant de 82,000 . . . .   450 fr.

TOTAL du traitement d'un garde-magasin ayant quatre-vingt-deux mille individus et plus . . . .   2,250 fr.

(Nota. On pourrait faire trois classes de garde-magasins aux appointemens de 1,500 fr., 1,800 fr. et 2,100 fr.; ce qui procurerait le même résultat.)

Par ce moyen, les dépenses pour l'établissement du budget ou pour celui d'un rôle spécial seraient immuables, tant pour les frais de manutention que pour le traitement des garde-magasins.

Les changemens à opérer partiellement seraient subordonnés au plus ou moins de population d'un arrondissement et devraient être considérés comme une compensation, telle qu'elle pourrait avoir lieu, de gré à gré, entre un garde-magasin et un autre, chacun en raison de ses droits ainsi établis.

La garde de dépôts aussi précieux ne pourrait être mieux confiée qu'à d'anciens militaires, qui, par d'honorables et éminens services, auraient mérité une pareille récompense. Ce serait même un sujet d'encouragement pour que les sous-officiers et soldats méritans, au lieu de se retirer du service, le continuassent au contraire dans l'espoir d'obtenir ces emplois.

RÉSUMÉ

Des principaux avantages qui résulteraient de la formation d'une réserve en grains et de la création d'une administration publique pour les subsistances.

Les heureux effets de l'institution proposée seraient :

1°. De parvenir à connaître parfaitement la quotité de nos produits en grains, ainsi que les quantités qui entreraient en France et celles qui en sortiraient, et, en cas d'événemens inopinés, de nature à inspirer des craintes sur l'avenir, de mettre à même de savoir positivement s'il n'y aurait pas lieu à suspendre d'urgence, en vertu d'une ordonnance royale, toute exportation ;

2°. De rendre constamment favorable aux divers intérêts du pays la conversion d'une partie de la culture des céréales en autres articles, notamment en denrées destinées à être substituées aux denrées coloniales, de manière à prévenir les graves inconvéniens que pourrait entraîner, dans certains cas, la diminution des produits en grains ;

3°. De dispenser d'avoir recours, ou du moins que très faiblement, à la voie des importations, et, par suite, de conserver en France le numéraire formant la valeur des denrées importées ; numéraire dont la sortie est non seulement très nuisible d'abord, mais même irréparable ;

4°. De pouvoir, lors de disette chez nos voisins du continent ou dans des contrées d'outre mer, vendre les grains qui excéderaient nos besoins à un prix bien plus élevé et qui aurait pour résultat d'augmenter la quantité de numéraire et d'ajouter à la prospérité de l'agriculture et du commerce ;

5°. D'anéantir à jamais le monopole, en ce que les individus qui l'ont exercé jusqu'à ce jour se trouveraient enfin arrêtés par la crainte fondée de voir leurs espérances déçues par une distribution de grains de réserve au peuple, au moment même où ils croiraient vendre les leurs à des prix excessifs. Ainsi il arriverait, d'une part, que les ressources, au lieu d'être centralisées sur quelques points seulement, resteraient réparties et plus à proximité des lieux où les besoins se feraient sentir ; et, d'une autre, que l'État serait désormais exempt de sacrifices énormes, tels que ceux qu'il s'est vu si souvent dans l'absolue nécessité de faire ;

6°. De réduire, dans les temps d'abondance, l'excédant disponible de denrées, et, dans l'intérêt des cultivateurs (même dans celui des journaliers, en raison de ce que les travaux seraient plus nombreux et payés plus cher), de donner lieu à ce que les prix des grains fussent plus élevés et par conséquent plus convenables, à tous égards, que ceux qui, en pareil cas, ont existé jusqu'à présent ;

7°. De prévenir des émeutes dangereuses pour l'État, inquiétantes pour les riches et qui peuvent donner lieu à des mesures rigoureuses et affligeantes pour le Souverain.

8°. De pourvoir, dans le cours de trente-cinq à quarante ans, à la dépense d'une administration publique et aux frais nécessaires à la conservation des grains de réserve, avec des sommes inférieures de moitié aux sacrifices pécuniaires que l'État s'est vu forcé de faire depuis dix-huit ans ;

9°. D'empêcher, à ce sujet, l'accroissement de la dette publique ;

10°. Enfin, d'assurer une existence plus tranquille aux nombreuses familles des classes peu fortunées et indigentes, en les préservant pour

toujours, les unes, de traîner une vie languis-
sante, les autres, de mourir de faim : calamité
qui ne s'est que trop vue surtout en 1817, notamment dans les départemens de l'Est, et à laquelle la France entière n'aurait certainement pas
échappé en 1829, si les intempéries de 1828
eussent été générales.

FIN.

LIBRAIRIE

D'AGRICULTURE ET D'ART VÉTÉRINAIRE

DE

Madame Huzard, Imprimeur-Libraire,

Rue de l'Éperon, n°. 7. A Paris.

EXTRAIT DU CATALOGUE GÉNÉRAL.

Depuis longues années, exclusivement consacrée à l'Agriculture, aux Sciences et aux Arts qui s'y rapportent, cette Librairie renferme une immense Collection d'Ouvrages les plus importans, dont la lecture ne saurait être trop recommandée à ceux qui se livrent ou se proposent de se livrer à ce genre d'industrie.

C'est par la propagation des diverses doctrines que l'on favorise les progrès de l'expérience et que l'on substitue à la routine l'usage des meilleurs systèmes.

Le Catalogue général se délivre à toutes les personnes qui font connaître le désir de le consulter. L'Extrait qu'on en publie contient l'indication d'ouvrages essentiellement utiles et dont l'ensemble forme une petite bibliothèque agronomique, appropriée à tous les besoins de l'agriculture et de l'économie rurale.

AGRICULTURE THÉORIQUE ET PRATIQUE.

ABRÉGÉ DES GÉOPONIQUES, extrait d'un ouvrage grec ; par un amateur. Paris, 1812, in-8.   2 f. 50 c. et 3 f. franc de port (1).

ADMINISTRATION (l') de l'agriculture, appliquée à une exploitation ; par M. le comte *de Plancy*. Paris, 1822, 1 vol. in-fol. contenant 17 états ou tableaux, avec texte explicatif ; cartonné.   10 f.

AGRICULTURE (l') **PRATIQUE ET RAISONNÉE**, par sir *John Sinclair*, fondateur du bureau d'agriculture de Londres , etc. ; traduit de l'anglais par *C.-J.-A. Mathieu de Dombasle.* Paris, 1825. 2 vol. in-8, fig.
          15 f. et 19 f.

Ami (l') des cultivateurs, ou moyens simples et mis à la portée de tous les propriétaires, de tirer le meilleur parti des biens de campagne de toute espèce, et de faire valoir avantageusement un domaine en **BÉTAIL**, **VOLAILLE, GRAINS, VINS**, etc.; par *Poinsot.* Paris, 1806, 2 vol. in-8, fig.   10 f. et 13 f.

Ami (l') du Laboureur, ou les Déjeûners de M. Richard. — Entretiens

---

(1) Le premier prix est celui des ouvrages brochés, pris à Paris ; et le second, des ouvrages envoyés francs de port par la poste.

d'un propriétaire et de son fermier sur l'avantage de la suppression des **JACHÈRES**. Paris, 1817, in-8. 1 f. 50 c. et 1 f. 80 c.

ANNALES AGRICOLES DE ROVILLE, ou Mélanges d'agriculture, d'économie rurale et de législation agricole; par *C.-J.-A. Mathieu de Dombasle*, membre de différentes Sociétés d'agriculture, etc., *directeur de l'établissement agricole exemplaire de Roville*, 1re. livraison (ou première année d'exploitation). Paris, 1824, in-8, avec 4 planches. 6 f. et 7 fr. 50 c.

— *Idem*, 2e. livraison. Paris, 1825, in-8, fig. 7 f. 50 c. et 9 f. 50 c.

— *Idem*, 3e. livraison. Paris, 1826, in-8. 6 f. et 7 f. 50 c.

ANNALES DE L'AGRICULTURE FRANÇAISE, contenant des observations et des mémoires sur toutes les parties de l'agriculture, rédigées par MM. *Tessier* et *Bosc*. Les noms des principaux collaborateurs sont : MM. *Cels*, *Chabert*, *Chanorier*, *François de Neufchâteau*, *Gilbert*, *Huzard*, *Lasteyrie*, *Thoüin*, *Vilmorin*, pour la première série, composée de 18 années (an IV à 1817 compris). 70 vol. in-8, figures et tableaux. 300 f.

ANNALES DE L'AGRICULTURE FRANÇAISE, DEUXIÈME SÉRIE, commencée en 1818 par les mêmes rédacteurs, qui ont pour principaux collaborateurs les Membres du Conseil d'agriculture établi près le Ministère de l'intérieur, et MM. *François de Neufchâteau*, *Huzard* fils, *Lasteyrie*, *Mathieu de Dombasle*, *Silvestre*, *Vilmorin*, etc. 1818 à 1827. 40 vol. in-8. 200 f.

Il paraît un cahier de sept à neuf feuilles par mois, qui forment 4 v. par an. —La souscription annuelle est de 25 fr., franc de port pour toute la France, et 30 fr. pour les pays étrangers.

— *Quelques années antérieures se vendent, séparément,* 20 f. *et* 25 f.

ASSEMBLÉES (DES) AGRICOLES en Angleterre ; par *J.-B. Huzard* fils. Imprimé par ordre de S. Ex. le Ministre de l'intérieur, Paris, 1819, in-8. 30 c. et 35 c.

Avis aux cultivateurs sur la culture du **TABAC** en France; publié par la Société royale d'agriculture (rédigé par M. *Tessier*), 1791. 50 c. et 60 c.

Avis aux cultivateurs sur une **HERSE-SEMOIR** et sur un **SARCLOIR** à cheval; par M. *Hayot*. Paris, 1812, in-8. 30 c. et 35 c.

Calendrier (le) du bon cultivateur, ou **MANUEL DE L'AGRICULTEUR-PRATICIEN**; par *C.-J.-A. Mathieu de Dombasle*, 2e. édition, revue et augmentée. Paris, 1824, in-12. 4 f. et 5 f. 25 c.

— **LES SECRETS** de *J.-Nicolas Benoît* (extraits de l'ouvrage précédent) se vendent séparément. 50 c. et 65 c.

CHIMIE appliquée à l'agricultnre, par M. le comte *Chaptal*, pair de France, membre de l'Institut, etc. (2e. *édition, sous presse.*)

Collection de mémoires ou de lettres relatives aux effets sur les **OLIVIERS** de la gelée du 11 au 12 janvier 1820. Paris, 1822, in-8. 3 f. 50 et 4 f. 25.

Description des nouveaux **INSTRUMENS D'AGRICULTURE** les plus utiles; par *A. Thaer*. Trad. de l'all. par *C.-J.-A. Mathieu de Dombasle*; avec 26 pl. gravées par *Leblanc*. Paris, 1821, in-4. 13 f. 50 c. et 15 f.

Description détaillée de la **CHARRUE** à un cheval, connue en Angleterre sous le nom de *horse-hoe*, instrument qui remplace les outils à bras pour les binages et les sarclages. In-12, avec 1 pl. 50 c. et 60 c.

Essai sur l'**AMÉLIORATION DE L'AGRICULTURE** dans les pays montueux, en particulier dans la ci-devant Savoie; par M. *de Costa*, nouv. édit. Paris, 1802, in-8, fig. 3 f. et 4 f.

Instruction sur la culture du **COTON** en France, 2e. édit., augmentée, publiée par ordre de S. Ex. le Ministre de l'intérieur, rédigée par M. *Tessier.* Paris, 1808, in-8. 60 c. et 70 c.

Instruction sur le **SARRASIN**, in-8. 25 c. et 30 c.

Instruction sur les avantages que procure une juste proportion des **SEMENCES**, in-8. 25 c. et 30 c.

Instructions élémentaires d'agric., ou **GUIDE** nécessaire aux cultivateurs, par *A. Fabbroni;* trad. de l'it. par *A. Vallée.* Paris, 1806, in-8, fig. 4 f. et 5 f.

JOURNAL D'AGRICULTURE et d'**ÉCONOMIE** rurale, contenant des mémoires et des observations sur toutes les parties de l'agriculture; par *Borelly.* Paris, an III, 7 v. in-8. 21 f.

Lettres du lord *Sommerville*, du duc de *Bedfort*, d'*Arthur Young*, à *François de Neufchâteau*, sur la **CHARRUE**; et rapport fait à la Société d'agriculture de Bath, sur le même sujet. Paris, an XI, in-8, avec 3 pl. 75 c. et 1 f.

MANUEL PRATIQUE DU LABOUREUR; par *Chabouillé-Dupetitmont*, ultivateur, 2e. édition. Paris, 1826, 2 vol. in-12, fig. 8 f. et 10 f.

Mémoires sur les **BANS DE RÉCOLTES**, particulièrement sur celui des **VENDANGES**; par *Cels.* Paris, 1806, br. in-8. 25 c. et 30 c.

Mémoire sur l'amélioration de l'agriculture par la suppression des **JACHÈRES**; par *Commerel*, in-8. 1 f. 25 c. et 1 f. 50 c.

Mémoire sur les **DÉFRICHEMENS**; par *de Turbilly.* Paris, 1760, in-12. 3 f. et 3 f. 75 c.

Mémoire sur les moyens de parvenir à la plus grande perfection de la culture et de la suppression des *jachères;* par *Belair.* Paris, 1793, in-8. 1 f. et 1 f. 25 c.

Mémoires et expériences sur l'agriculture, et particulièrement sur la culture des terres, le desséchement et la culture des **ÉTANGS** et des **MARAIS**, etc., par *Varennes-Fenille.* Paris, 1808, in-8. 3 f. et 3 f. 75 c.

Mémoire sur l'utilité d'un corps permanent d'**INGÉNIEURS AGRICOLES** et **MANUFACTURIERS**; par M. le baron *Bigot de Morogues.* Paris, 1823. 50 c. et 60 c.

Méthode pour recueillir les grains dans les années pluvieuses et les empêcher de germer; par *Ducarne-de-Blangy.* 1771, in-8, fig. 1 f. 25 c. et 1 f. 50 c.

Moniteur rural, ou **TRAITÉ ÉLÉMENTAIRE** de l'agriculture en France; par *Deschartres.* Paris, 1811, in-8 avec tableaux. 6 f. et 7 f. 75 c.

Moyens d'**AMÉLIORER** l'agriculture en France, particulièrement dans les provinces les moins riches, et notamment en **SOLOGNE**; par M. le baron *Bigot de Morogues.* Orléans, 1822, 2 vol. in-8. 12 f. et 15 f.

Notice sommaire sur les **ASSOLEMENS** adoptés par M. *de Morel-Vindé*, dans son exploitation à la Celle-Saint-Cloud, près Versailles. Paris, 1816, br., in-8, fig. 1 f. 25 c. et 1 f. 50 c.

Quelques observations pratiques sur la théorie des **ASSOLEMENS**; par M. *de Morel-Vindé.* Paris, 1822, in-8, fig. 1 f. 25 c. et 1 f. 50 c.

Appendice aux observations pratiques sur la théorie des **ASSOLEMENS**; par M. *de Morel-Vindé*, en nov. 1822. Paris, 1823, in-8. 30 c. et 35 c.

Notice sur les dangers du **SEIGLE ERGOTÉ** ou blé cornu; par M. *Tessier.* Paris, 1821, in-8. 50 c. et 60 c.

Nouveau système de culture sans **FUMIER**, ni **CHAUX**, ni **JACHÈRE** d'été, pratiqué à la ferme de Knowle, dans le comté de Sussex, par le major-général *Alexandre Beatson;* trad. de l'anglais par M. *Cavoleau.* Paris, 1827, in-8, fig. 3 f. et 3 f. 60 c.

OBSERVATIONS et **AMÉLIORATIONS** sur quelques parties de l'agriculture dans les sols sablonneux ; par M. le comte *d'Ourches*. Paris, 1818, in-8. 3 f. et 3 f. 50 c.

Plans et détails d'une nouvelle **CONSTRUCTION RURALE**, pour servir de grange, exécutée à la Celle-Saint-Cloud, près Versailles ; par M. *de Morel-Vindé*. Paris, 1813, in-8, fig. 75 c. et 85 c.

Pratique des **DÉFRICHEMENS** ; par *de Turbilly*, 4e. édit. Paris, 1811, in-8. 2 f. 50 c. et 3 f.

PRINCIPES D'AGRICULTURE et d'économie, appliqués, mois par mois, à toutes les opérations du cultivateur dans les pays de grande culture ; par un cultiv.-pratique du dép. de l'Oise. Paris, 1804, in-8. 3 f. 50 c. et 4 f. 50 c.

Rapport sur la réunion des petites pièces de terre en grandes pièces, par *Garnier-Deschesne*. Paris, an IX, in-8. 1 f. et 1 f. 25 c.

RICHESSE (la) du cultivateur ou les **SECRETS** de Jean-Nicolas Benoît ; par *A.-L.* (Extrait du Calendrier du bon cultivateur, par *Mathieu de Dombasle.*) 1822, in-12. 50 c. et 65 c.

Spirodiphre (le), ou **CHAR A PLANTER LE BLÉ** ; inventé par *F.-Ch.-L. Sickler.* 1805, in-8, avec 2 pl. 75 c. et 1 f.

THEATRE D'AGRICULTURE ET MESNAGE des Champs, *d'Olivier de Serres*, seigneur du Pradel, dans lequel est représenté tout ce qui est requis et nécessaire pour bien dresser, gouverner, enrichir et embellir la maison rustique. Nouv. édit. conforme au texte, augmentée de notes et d'un vocabulaire, publiée par la Société d'Agriculture du département de la Seine. 2 vol., le premier de 672, et le second de 948 pages ; ornés du portrait *d'Olivier de Serres*, gravé d'après le portrait original, peint par son fils en 1599 ; de la représentation de la colonne élevée à sa mémoire dans la ville de Berg sa patrie, qu'on doit à M. *Caffarelli*, préfet du département de l'Ardèche ; de 2 vignettes et de 8 culs-de-lampe représentant des animaux et des sujets d'agriculture et de 15 planch. Paris, 1804 et 1806, 2 vol. in-4, brochés. 36 f. et 46 f.

Traité de la **GRANDE CULTURE** des terres, ouvrage utile à tous les cultivateurs et aux personnes qui voudraient faire valoir de grandes exploitations ; par *Isoré*, cultivateur-propriétaire. 1802, 2 v. in-12. 3 f. et 4 f.

Traité du **CHANVRE**, par *Marcandier*. Paris, 1695, in-12. 1 f. 25 c. et 1 f. 50 c.

Traité élémentaire de **PHYSIQUE VÉGÉTALE** appliquée à l'agriculture ; par M. *J. Bosc*. Besançon, 1824, in-8. 2 f. et 2 f. 50 c.

Trésor (le) du cultivateur, ou le moyen d'augmenter les **RICHESSES** du laboureur en améliorant la culture des terres et plusieurs branches d'économie rurale, etc.; par *Lemercier*. Paris, 1819, in-12. 1 f. 25 c. et 1 f. 50 c.

Voyage agronomique, précédé du parfait fermier ; ouvrage traduit de l'anglais, de *Young*, par *de Fréville*. Paris, 1774, 2 v. in-8, fig. 7 f. et 10 f.

ENGRAIS, PRAIRIES, IRRIGATIONS.

A quelle culture doit-on principalement appliquer les **FUMIERS** ? Par M. *Brandicourt-Montmolin*. Paris, 1810, in-8. 1 f. 25 c. et 1 f. 50 c.

Aux cultivateurs, ou dialogue, peut-être intéressant, tiré d'un manuscrit qui a pour titre : Entretiens d'un **VIEIL AGRONOME** et d'un **JEUNE CULTIVATEUR** (sur les prairies artificielles) ; par M. *B****. Lond. 1786, in-12. 60 c. et 75 c.

EAU (de l') relativement à l'économie rustique, ou traité de l'**IRRIGA-TION** des prés; par *J. Bertrand.* 1 vol. in-12, fig. 1 f. 80 c. et 2 f.

Essai sur la culture des **PRÉS** ; par M. l'abbé *Payla.* Trad. de l'it. sur la 4e. édit., suivi d'un procédé pour faire un bon **ENGRAIS.** 1801, in-8. 1 f. et 1 f. 25 c.

Essai sur la **MARNE**; par M. *A. Puvis.* Bourg, 1826, in-8. 2 f. 50 c. et 3 f. 25 c.

Essai sur les **ENGRAIS** et les autres substances dont on fait usage en Italie pour améliorer les terres, et sur la manière de les employer, par M. le chevalier *Philippe Ré;* trad. de l'ital. par M. *Dupont.* Paris, 1813, in-8, fig. 3 f. 50 c. et 4 f. 25 c.

Instruction sur la manière de conserver le **FOIN** par les meules à courant d'air. Br. in-8, fig. 40 c. et 45 c.

Instruction sur l'emploi de la **HOUILLE** d'engrais, in-8. 25 c. et 30 c.

Instruction sur le **PARCAGE DES BÊTES A LAINE.** Paris, 1803, in-8. 50 c. et 60 c.

MARNE (de la), et de la manière de l'employer utilement à l'amendement et à l'amélioration des terres; par M. *B***.* Paris, 1788, in-12. 60 c. et 75 c.

Mémoire sur l'amélioration des **PRAIRIES NATURELLES** et sur leur **IRRIGATION**; par *de Perthuis.* Paris, 1806, in-8, fig. 2 f. 50 c. et 3 f.

Notice sur le **TRÈFLE INCARNAT** ou *farouch;* par *C.-J.-A. Mathieu de Dombasle.* 1823, in-8. 30 c. et 35 c.

Pratique raisonnée de la culture du **TRÈFLE** et du **SAINFOIN**; par *A. Bornot.* Paris, 1817, in-8. 2 f. et 2 f. 50 c.

Quinze ans d'une partie importante de mes occupations agricoles, mémoires sur l'emploi du **PLATRE** comme **ENGRAIS**; par M. *Dergère-de-Mondement.* Paris, 1817. Broch. in-8. 75 c. et 85 c.

Rapport sur l'emploi du **PLATRE** en agriculture, fait au Conseil royal d'agriculture par M. *Bosc.* Paris, 1823, in-8. 2 f. 50 c. et 3 f.

Recueil de faits, d'expériences sur la culture et les avantages du **SAINFOIN** ou esparcette. 1806, in-12. 1 f. 25 c. et 1 f. 50 c.

RICHESSE (la) des cultivateurs, ou dialogues entre *Benjamin Jachère* et *Richard Trèfle,* laboureurs, sur la culture du **TRÈFLE**, de la **LUZERNE** et du **SAINFOIN** (trad. de l'allem., etc.). Paris, 1803, in-8. 2 f. et 2 f. 50 c.

Traité des **PRAIRIES ARTIFICIELLES**, des enclos et de l'éducation des **MOUTONS** de race anglaise; par *de Mante.* Paris, 1778, in-4, fig. 7 f. 50 c. et 9 f.

Traité des **PRAIRIES ARTIFICIELLES**, ou Recherches sur les espèces de plantes qu'on peut cultiver avec le plus d'avantage en prairies artificielles, et sur la culture qui leur convient le mieux; par *H.-F. Gilbert.* 6e. édit. augmentée de notes par M. *A. Yvart,* et précédée d'une notice historique sur *Gilbert,* par M. *Cuvier.* Paris, 1826, in-8. 5 f. et 6 f. 50 c.

Traité général de l'**IRRIGATION**, contenant diverses méthodes d'arroser les **PRÉS** et **JARDINS**, etc. ; avec huit planches représentant diverses machines pour élever et conduire l'eau; par *William Tatham,* trad. de l'anglais. Paris, 1805, in-8. 5 f. et 6 f.

Traité général des **PRAIRIES** et de leur **IRRIGATION**; par *Ch. d'Ourches.* Deuxième édition. Paris, 1806, in-8, fig. 4 f. 50 c. et 5 f. 25 c.

TRÈFLE (du) et de sa culture. Extrait des entretiens d'un vieil agronome et d'un jeune cultivateur; par M. *B***.* in-12. 60 c. et 75 c.

Voyage en Espagne dans les années 1816, 1817, 1818 et 1819, ou Recherches sur les **ARROSAGES**, sur les lois et coutumes qui les régissent, sur les lois domaniales et municipales, considérées comme un puissant moyen de perfectionner l'agriculture française, par M. *Jaubert de Passa*; précédé du rapport fait à la Société royale et centrale d'agriculture. Orné de 6 cartes. Paris, 1823, 2 vol. in-8.   15 fr. et 18 fr.

BOIS ET FORÊTS, CHASSE ET PÊCHE.

Almanach du **CHASSEUR**, ou Calendrier perpétuel. Paris, 1773, in-12, avec musique gravée.   2 f. et 2 f. 50 c.

Amusemens (les) innocens contenant le Traité des **OISEAUX DE VOLIÈRE**, ou le parfait oiseleur. Paris, 1774, in-12.   3 et 4 f.

Aperçu général des **FORÊTS**; par *C. d'Ourches* (contenant l'aménagement et l'exploitation des bois et forêts, avec une technologie forestière). Paris, 1805, 2 vol. in-8, ornés de 39 planch.   12 et 15 f.

Art (l') du **TAUPIER**, suivant les procédés de M. *Aurignac*; par *Dralet*. in-8, fig.   50 c. et 60 c.

Essai de **VÉNERIE**, ou l'Art du valet de Limier; suivi d'un Traité sur les maladies des **CHIENS** et sur leurs remèdes; 3e. édit. revue, corrigée et augmentée; par *Leconte Desgraviers*. Paris, 1810, in-8, 6 f. et 7 f. 25 c.

FORÊTS (des) de la France, considérées dans leurs rapports avec la marine militaire, à l'occasion du projet de *Code forestier;* par M. *Bonard*, ingénieur de la marine, etc. Paris, 1826, in-8; avec la réponse à la lettre d'un inconnu.   5 et 6 f.

FORÊTS VIERGES de la Guiane française, considérées sous le rapport des produits qu'on peut en retirer pour les chantiers maritimes de la France, les constructions civiles et les arts; par M. *Noyer*. Paris, 1827, in-8.   2 f. 50 c. et 3 f.

GENÊT (du), considéré sous le rapport de ses différentes espèces, de ses propriétés et des avantages qu'il offre à l'agriculture et à l'économie domestique; par *Thiébaut de Berneaud*. Paris, 1810, in-8.
                    1 f. 50 c. et 1 f. 80 c.

Historique de la création d'une **RICHESSE MILLIONNAIRE**, par la culture des **PINS**, ou application du traité pratique de cette culture, publié en 1826, etc.; par *L.-G. Delamarre*. Paris, 1827, in-8, fig. color.
                    6 f. et 7 f.

— Le Traité pratique de la culture des **PINS**, du même auteur, formant un vol. in-8 (1826), se vend   6 f. et 7 f.

Lettre de *Quatremère-Disjonval* au S. D'Eymar, sur l'encaissem. du Rhône et l'exploitat. de quelques espèces de bois. Genève, an 9, in-8. 75 c. et 85 c.

Lettre à M. *François de Neufchâteau*, sur le **ROBINIER**; par *F.-C. Médicus*. Trad. de l'all. Paris, 1804, in-12.   50 c. et 60 c.

Lettre sur le **ROBINIER**, connu sous le nom impropre de faux acacia; par *François de Neufchâteau*. 1803, in-12, fig.   2 f. 50 c. et 3 f. 25 c.

Mémoire sur l'**AJONC** ou **GENÊT ÉPINEUX**, considéré sous le rapport de fourrage, de l'amendement des terres stériles et de supplément au bois; par *Ét. Calvel*. 2e. édit. Paris, 1809, in-8.   75 c. et 90 c.

Mémoires sur l'**ADMINISTRATION FORESTIÈRE**, sur les qualités individuelles des **BOIS INDIGÈNES**, ou qui sont acclimatés en France, auxquels on a joint la description des bois exotiques que nous fournit le

commerce ; par M. *Varennes-Fenille.* 2e. édition. Paris, 1807, 2 v. in-8,
fig.   6 f. et 7 f. 50 c.
Moyen de détruire les **TAUPES** dans les prairies et jardins, 6e. éd. ; suivi
de la façon de conserver les grenouilles pendant l'hiver. In-8, fig.
                                                             75 c. et 85 c.
Notice sur un arbre à sucre découvert en Espagne en 1807 ; traduit de l'es-
pagnol par *D.-A. Armesto.* Paris, 1812, br. in-8.   3o c. et 35 c.
Observations sur les **SEMIS** et les **PLANTATIONS** de quelques arbres
utiles, sur les bois propres à l'artillerie et aux constructions navales, etc. ;
par M. *Lyonnet.* Paris, 1815, in-8.   1 f. et 1 f. 25 c.
Œuvres d'agriculture de *Varennes-Fenille* (*voy.* Mém. sur l'administr. forestière, et Mémoires et expériences sur l'agricul.), 3 v. in-8. 9 f. et 11 f.
PLANTATIONS (des), de leur nécessité en France, de leur utilité dans
les départemens du midi, pour l'assainissement de l'air, etc. ; par *Datty.*
Arles, 1805. 1 v. in-8.   3 f. et 3 f. 75 c.
Traité de la culture du **CHÊNE**, contenant les meilleures manières de se-
mer les **BOIS**, de les planter, de les entretenir, de rétablir ceux dégra-
dés, et de les exploiter, etc. ; par M. *Juge de St.-Martin.* Paris, 1788,
in-8, fig.   4 f. et 5 f.
Traité de l'**OLIVIER**, contenant l'histoire et la culture de cet arbre, les
différentes manières d'exprimer l'huile d'olive, celles de la conserver,
etc. (par *P.-J. Amoreux* fils). Montpellier, 1784, in-8. 5 f. et 6 f. 25 c.
Traité pratique de la culture des **PINS** à grandes dimensions, de leur aménagement, de leur exploitation, et des divers emplois de leurs bois ; par
L.-G. Delamarre, propriétaire-cultivateur-forestier. 2e. édition, augmentée d'un appendice sur les cèdres du Liban, les mélèses et les sapins.
Paris, 1826 , in-8.   6 f. et 7 f. 25 c.
Vénerie royale (la), qui contient les **CHASSES** du cerf, du lièvre, du
chevreuil, du sanglier, du loup et du renard ; par *Salnove.* Paris, 1665,
in-4.   9 f.

JARDINAGE, PLANTES POTAGÈRES, ETC.

Arbres (des) à fruits, et nouvelle méthode d'affruiter le **POMMIER** et le
POIRIER, fondée sur 28 ans d'expériences consécutives ; par *C.-A. Fa-
non.* Paris, 1807, in-12, fig.   1 f. 50 c. et 1 f. 75 c.
Cours complet sur la culture du **PÊCHER** et autres arbres à fruit, la manière de les conduire en espaliers, etc. Nouv. édit. par *L. Lemoine.* Paris,
1804, in-12.   1 f. 25 c. et 1 f. 50 c.
COURS DE CULTURE et de naturalisation des végétaux, par *A. Thoüin*,
professeur de culture au muséum d'histoire naturelle, avec un atlas in-4,
de 65 planches gravées, représentant tous les outils, instrumens, usten-
siles, machines et fabriques diverses, de grande et de petite culture, etc.,
publié par *Oscar Leclerc*, son neveu et son aide au Jardin du Roi. Paris,
1827, 3 vol. in-8 et atlas.   35 f. et 41 f.
Culture (de la) des **TRUFFES**, ou manière d'obtenir, par des plants arti-
ficiels, des truffes noires ou blanches, dans les bois, les bosquets et les
jardins, par *A. de Bornholz* ; trad. de l'all. par *Michel O'ægger.* Paris,
1826, in-8.   1 f. 25 c. et 1 f. 50 c.
Guide (le) des *propriétaires et des jardiniers*, pour le choix, la plantation
et la culture des arbres, ou Précis de toutes les connaissances nécessaires

pour **PLANTER** et **TAILLER** les arbres fruitiers et autres, etc.; par *S. Beaunier*. Paris, 1821, in-8. 3 f. 50 c. et 4 f. 25 c.

Instruction sur la culture et les avantages du **PANAIS**, in-8. 25 c. et 30 c.

Instruction sur la culture et les avantages des **PLANTES LÉGUMINEUSES**, publiée par MM. *Dubois, Cels, Vilmorin, Gilbert, Huzard* et *Parmentier,* composant la commission d'agriculture et des arts, 3e. édition. Paris, 1826. 1 f. 25 c. et 1 f. 50 c.

Instruction sur la culture, la conservation, les usages et les avantages de la **POMME DE TERRE**; par M. *Parmentier.* Paris, 1807, in-12. 75 c. et 1 f.

Instruction sur la culture de la **CAROTTE**. 25 c. et 30 c.

Instruction sur la culture des **CHOUX** considérés sous le rapport des produits de leurs graines, de l'emploi des feuilles, etc., 3e. édition. Paris, 1810. 75 c. et 1 f.

Instruction sur la culture des **TURNEPS** ou gros **NAVETS**; sur les différentes manières de les conserver, et sur les moyens de les rendre propres à la nourriture des bestiaux. Paris, Imp. royale, 1786, in-8. 30 c. et 40 c.

Instruction sur la culture du **NAVET** et de ses variétés. Nouv. édit. augm. 1807, in-12. 60 c. et 65 c.

MELON (du) et de sa culture; par *Calvel*, 2º. édition. Paris, 1809, in-8. 1 f. 25 c. et 1 f. 50 c.

MELONS (des) et de leurs variétés, considérés dans leur histoire, leur physiologie, leur culture naturelle et artificielle, etc.; par M. *L. Dubois.* Paris, 1810, in-12. 1 f. et 1 f. 25 c.

Mémoire sur les différentes espèces, races et variétés de **CHOUX** et de **RAIFORTS** cultivés en Europe; par M. *de Candolle.* Paris, 1822, in-8. 1 f. 25 c. et 1 f. 50 c.

Mémoire sur les produits du **TOPINAMBOUR**; par M. *Bagot.* Paris, 1806, in-8. 25 c. et 30 c.

Mémoires et instructions sur la culture, l'usage et les avantages de la racine de **DISETTE**; par *Commerell*, in-8. 1 f. et 1 f. 25 c.

Nomenclature raisonnée des espèces, variétés et sous-variétés du genre **ROSIER**; par M. *Aug. de Pronville.* Paris, 1818, in-8. 2 f. 50 c. et 3 f.

PLANS raisonnés de toutes les espèces de **JARDINS**; par *G. Thoüin*, cultivateur et architecte de jardins. 3e. édition, augmentée de trois nouveaux plans. Paris, 1828, in-fol. avec 59 planches. 50 f.

— Avec les eaux et les chemins coloriés. 60 f.

— Entièrement coloriés. 100 f.

Taille raisonnée des **ARBRES FRUITIERS** et autres opérations relatives à leur culture, démontrées clairement par des raisons physiques tirées de leur différente nature et de leur manière de végéter et de fructifier; par *C. Butret*, 16e. édition. Paris, 1821, in-8, fig. 2 f. 25 c. et 2 f. 75 c.

Traité complet sur le **JARDIN POTAGER**, également convenable au midi, au centre et au nord de la France, etc., avec une planche; par un amateur. Paris, 1808, in-12. 3 f. et 4 f.

VIGNES ET VIN,

CIDRE, DISTILLATION, SUCRE DE BETTERAVES.

Art de cultiver la **VIGNE** et de faire le bon **VIN**, malgré le climat et l'intempérie des saisons; suivi des moyens 1º. de faire, avec les vins de Basse-Bourgogne, du Cher, de Touraine, etc., du vin de Saint-Gilles, de Roussillon, de Bordeaux; 2°. de composer, avec les vins de ces derniers pays, du vin de première qualité de Bourgogne et de Bordeaux; 3°. de fabriquer les vins de liqueurs, les eaux-de-vie, les vinaigres; 4°. de retirer la potasse des produits de la vigne; par M. *Salmon.* Paris, 1826, in-12. 3 f. 50 c. et 4 f. 25 c.

Art (l') de cultiver les **POMMIERS**, les **POIRIERS**, et de faire des **CIDRES** selon l'usage de la Normandie; par le marquis de *Chambray.* Paris, 1765, in-12. 75 c. et 1 f.

Art de faire le **VIN** et de distiller les **EAUX-DE-VIE**; par *A. B***.* Paris, 1820, in-8, fig. 2 f. et 2 f. 50 c.

Art de faire le **VIN**; par *Fabroni,* ouvrage couronné par l'Académie royale de Florence. Trad. de l'italien, par *F.-R. Baud.* Paris, 1801, in-8. 3 f. et 4 f.

Commerce (le) des **VINS** réformé, rectifié et épuré, ou nouvelle Méthode pour tirer un parti sûr, prompt et avantageux des récoltes en vins. *Amsterdam,* 1769, in-12. 2 f. 50 c. et 3 f. 25 c.

Faits et observations sur la fabrication du **SUCRE DE BETTERAVES**, et sur la distillation des mélasses; par *C.-J.-A. Mathieu de Dombasle.* 2ᵉ. édit., 1822, in-8, fig. 4 f. et 4 f. 75 c.

Guide (le) indispensable aux propriétaires-vignerons, brasseurs, fabricans de cidres, distillateurs d'eaux-de-vie de graines, de fécules, etc., pour faire avec succès, l'application de l'**APPAREIL VINIFICATEUR**, inventé par Mlle. *E. Gervais;* par *J.-C. Choiset.* Paris, 1823, in-8. 1 f. et 1 f. 20 c.

Instruction théorique et pratique sur la fabrication des **EAUX-DE-VIE** de grains et de pommes de terre; par M. *Mathieu de Dombasle.* Paris. 1820, in-8, fig. 2 f. et 2 f. 35 c.

Instructions sur la manière de cultiver la **BETTERAVE**, par M. *Tessier;* et sur les procédés à suivre pour l'extraction du sucre contenu dans cette racine, par M. *Deyeux.* Paris, 1811, in-8. 60 c. et 75 c.

Mémoire sur le **SUCRE DE BETTERAVES**; par M. le comte *Chaptal.* 3ᵉ. édition corrigée et augmentée. Paris, 1821, in-8. 1 f. 50 c. et 1 f. 75 c.

Mémoire sur la question proposée par la Société des sciences de Montpellier : *Déterminer, par un moyen fixe, simple et à la portée de tout cultivateur le moment auquel le vin en* **FERMENTATION** *dans la cuve aura acquis toute la force et toute la qualité dont il est susceptible;* par M. *Legentil.* Paris, 1802, in-8. 3 f. et 3 f. 75 c.

Mémoire sur le cerclage des **CUVES A VIN**. Paris, in-8. 60 c. et 75 c.

Mémoire sur le perfectionnement de la **VINIFICATION**, présenté au concours ouvert par la Société d'agriculture du département du Gers, et auquel elle a accordé le prix, dans sa séance publique du 30 décembre 1810; par M. *Elie Dru.* Paris, 1817, in-8. 1 f. 50 c. et 1 f. 75 c.

Notice sur la nature et la culture du **POMMIER**, la qualité des pommes et leur vraie combinaison pour faire un **CIDRE** délicat et bienfaisant; par M. *Renault.* Paris, 1817, in-8. 2 f. et 2 f. 50 c.

OEnologie française ou Statistique de tous les **VIGNOBLES** et de toutes les **BOISSONS VINEUSES** et **SPIRITUEUSES** de la France, suivie de considérations générales sur la culture de la **VIGNE**; par M. *Cavoleau.* Ouvrage qui a obtenu le prix de statistique à l'Institut, en 1827. Paris, 1827, in-8. 6 f. 50 c. et 8 f.

POMMIER (du), du **POIRIER** et du cormier, considérés dans leur histoire, leur physiologie, et les divers usages de leurs fruits, de leurs **CIDRES**, de leurs **EAUX-DE-VIE**, de leurs **VINAIGRES**, etc.; par *L. Dubois.* Paris, 1804, 2 v. in-12, fig. 3 f. 50 c. et 4 f. 75 c.

VERS A SOIE, ABEILLES.

Gouvernement (le) admirable, ou la République des **ABEILLES**, et le moyen d'en tirer une grande utilité; par *J. Simon*. Paris, 1758, in-12, fig. 3 f. et 4 f.

Instruction sur la manière de gouverner les **ABEILLES**; par *Serain*. Paris, 1802, in-8. 2 f. 50 c. et 3 f.

Lettre sur l'éducation des **VERS A SOIE** et la culture des mûriers blancs; par *A.-R. Angeliny*. Paris, 1806, in-12. 2 f. et 2 f. 50 c.

Mémoire sur la manière d'élever les **VERS A SOIE**, et sur la culture du **MURIER BLANC**; par *Thomé*. Paris, 1767, in-12, fig.
2 f. 50 c. et 3 f. 50 c.

Traité complet, théorique et pratique sur les **ABEILLES**; par M. *Fébu-rier*. Cet ouvrage, approuvé dans la séance de l'Institut de France, du 22 janvier 1810, contient l'histoire naturelle des abeilles, la culture de ces insectes, applicable à toutes les espèces de ruches et à toutes les températures de la France, la comparaison des méthodes et des ruches adoptées jusqu'à ce jour avec celles proposées par l'auteur, enfin l'état des connaissances des Grecs et des Romains et celles des peuples modernes dans le 16e. siècle sur les abeilles. 1810, in-8, fig. 5 f. et 6 f. 50 c.

Traité de l'éducation économique des **ABEILLES**; par *Ducarne-de-Blangy*. Paris, 1771, 2 vol. in-12, fig. 3 f. et 4 f.

ÉQUITATION, HARAS.

ECUYER (L') DES DAMES, ou Lettres sur l'équitation, contenant des principes et des exemples sur l'art de monter à cheval; orné de figures, d'après les dessins d'*H. Vernet;* par *L.-H. Pons d'Hostun.* 2e. édition, augmentée. Paris, 1817, in-8. 3 f. 50 c. et 4 f.

Essai sur la manière de relever les races des **CHEVAUX** en France; par *V. Collot*. Paris, 1802, in-8. 1 f. 50 c. et 1 f. 80 c.

Mémoire sur les **COURSES DE CHEVAUX** et de chars en France, envisagées sous un point de vue d'utilité publique; par *Lafont-Pouloti.* Paris, 1791, in-8. 75 c. et 1 f.

Notice sur les **COURSES** de chevaux et sur quelques autres moyens employés pour encourager l'élève des chevaux en France; par M. *Huzard* fils. Paris, 1827, in-8. 1 f. 50 c.

Notice sur les chevaux anglais et sur les **COURSES** en Angleterre; par *J.-B. Huzard* fils. Paris, 1817, in-8. 1 f. 50 c. et 1 f. 75 c.

Notice sur quelques **RACES DE CHEVAUX**, sur les haras et les remontes dans l'empire d'Autriche; par M. *Huzard* fils. Paris, 1823, in-8.
1 f. 50 c. et 1 f. 75 c.

Nouveau régime pour les **HARAS**, ou Exposé des moyens propres à propager et à améliorer les races de chevaux, avec la notice de tous les ouvrages écrits ou traduits en français, relatifs à cet objet; par *Lafont-Pouloti.* Paris, 1787, in-8, fig. 5 f. et 6 f.

Ordonnance du Roi, du 16 janvier 1825, concernant les **HARAS**. Paris, 1825, in-8. 30 c. et 35 c.

Recherches sur l'époque de l'**ÉQUITATION** et de l'usage des chars équestres chez les anciens; par *Fabrici.* Rome, 1764, 2 v. in-8. 5 f. et 6 f. 50 c.

Régénération (de la) des **HARAS**, etc.; par M. le chevalier *de Lafont-Pouloti.* Paris, 1789, in-8. 1 f. 25 c. et 1 f. 50 c.

Traité de l'**ÉDUCATION DU CHEVAL** en Europe, etc.; par *Préseau de*

Dompierre, Paris, 1788, in-8. 2 f. 50 c. et 3 f. 25 c.

Traité d'**ÉQUITATION** par *de Montfaucon de Rogles*, Paris, Imp. royale, in-4. 9 f. et 10 f. 50 c.

— Nouv. édit. d'après celle du Louvre. Paris, 1810, in-8, fig. 5 f. et 6 f.

ART VÉTÉRINAIRE, HIPPIATRIQUE.

Aperçu général sur la perfectibilité de la médecine vétérinaire, et sur les rapports qu'elle a avec la médecine humaine; par *Aygalenq*. Paris, an IX, in-8. 1 f. 80 c. et 2 f. 50 c.

Avis sur les **CHEVAUX PRIS DE CHALEUR**; par M. *Huzard*. Paris, 1822, in-8. 25 c. et 30 c.

Bourgelat. Essai sur les appareils et sur les **BANDAGES** propres aux quadrupèdes; nouvelle édition. Paris, 1813, in-8, cartonné, avec 21 pl. 7 f.

Bourgelat. Essai théorique et pratique sur la **FERRURE**; troisième édition. Paris, 1813, in-8. 3 fr. 50 c. et 4 fr. 25 c.

Bourgelat. Précis anatomique du corps du **CHEVAL**, comparé avec celui du **BŒUF** et du **MOUTON**, à l'usage des élèves des Écoles vétérinaires; 4e. édit., augm. Paris, 1807, 2 v. in-8. 10 f. et 13 f.

Bourgelat. Traité de la **CONFORMATION** extérieure du **CHEVAL**, de sa beauté, de ses défauts et des considérations auxquelles il importe de s'arrêter dans le choix qu'on doit en faire; des soins qu'il exige, de sa multiplication, ou des **HARAS**, etc.; à l'usage des élèves des Écoles vétérinaires. 7e. édition, publiée avec des notes par *J.-B. Huzard*. Paris, 1818, in-8, fig. 7 f. et 9 f.

Compte rendu à la Société d'Agriculture du département de la Seine, d'une expérience et des succès obtenus contre la **MORVE** et le **FARCIN** qui infectaient les chevaux du 23e. régiment de Dragons; par M. *Collaine*: suivi du Rapport de MM. *Desplas, Huzard* et *Tessier*. Paris, 1810, in-8. 1 f. et 1 f. 25 c.

Conjectures sur l'origine ou l'étymologie du nom de la maladie connue dans les chevaux sous le nom de **FOURBURE**; par M. *Huzard*, membre de l'Institut. Paris, 1827, in-8. 75 c. et 85 c.

Cours d'**HIPPIATRIQUE**, contenant des notions sur la charpente osseuse du cheval, la description de toutes les parties extérieures, les beautés et les défectuosités naturelles ou accidentelles dont elles sont susceptibles, suivies des précautions que cet animal exige pour la conservation de sa santé, et des principes raisonnés sur la ferrure; à l'usage de MM. les Pages du Roi. Ouvrage utile aux officiers de cavalerie et à toutes les personnes qui veulent s'occuper de chevaux; par M. *Valois*, 2e. édit., revue et augmentée. Paris, 1825, in-12. 3 f. 50 c. et 4 f. 25 c.

Décret. — Nouvelle organisation des **ÉCOLES VÉTÉRINAIRES**. 1813, in-8. 50 c. et 60 c.

Dispensaire **PHARMACO-CHIMIQUE** à l'usage des élèves des Écoles vétérinaires; on y trouve les élémens théoriques et pratiques de ces deux sciences; par *F.-J. Bouillon-Lagrange*. Paris, 1813, in-8, fig. 5 f. et 6 f. 50 c.

Esquisse de **NOSOGRAPHIE** vétérinaire; par *J.-B. Huzard* fils: 2e. édit. Paris, 1820, in-8. (*Cet ouvrage est un abrégé de médecine vétérinaire.*) 5 f. et 6 f. 25 c.

Exanthèmes (des) épizootiques, et particulièrement de la **CLAVELÉE** et de la **VACCINE**, rapprochées de la petite-vérole humaine, etc.; par

Chavassieu d'Audebert. Paris, 1804, in-8. 60 c. et 75 c.

GARANTIE (de la) et des vices redhibitoires dans le commerce des animaux domestiques; par *J.-B. Huzard* fils. Paris, 1825, in-12.
3 f. 50 c. et 4 f. 25 c.

Instruction sur les moyens de s'assurer de l'existence de la **MORVE**, d'en prévenir l'invasion, d'en préserver les chevaux et de désinfecter les écuries où elle a régné; par *Chabert* et *Huzard*. Edition à laquelle on a ajouté la dernière loi sur les maladies contagieuses. Paris, an V, 1797, in-8. 1 f. 50 c. et 2 f.

Instruction sur les soins à donner aux **CHEVAUX** pour les conserver en santé sur les routes, etc., et remédier aux accidens qui pourraient leur arriver (par M. *Huzard*). Nouvelle édition, augmentée. Paris, 1817, in-8.
1 f. 50 c. et 1 f. 75.

Instructions et observations sur les **MALADIES DES ANIMAUX DOMESTIQUES**, avec les moyens de les guérir, de les conserver en santé, de les multiplier, de les élever avec avantage, etc.: on y a joint l'analyse des ouvrages anciens et modernes écrits sur cette science; par *Chabert, Flandrin* et *Huzard*. Paris, 6 v. in-8, fig. 27 f.
— *Chaque volume se vend séparément* 4 f. 50 c. et 6 f.

Mémoire sur la **POUSSE** des chevaux; par M. *Demoussy*. Paris, 1824, in-8. 1 f. 25 c. et 1 f. 50 c.

Notions élémentaires de **MÉDECINE VÉTÉRINAIRE MILITAIRE**, ou Considérations générales sur le choix et les différentes **QUALITÉS DES CHEVAUX** de troupe, leur conservation, les causes de leurs maladies, les remontes, les réformes, le service des vétérinaires militaires, etc.; par *J.-B.-C. Rodet.* Paris, 1825, in-12. 3 f. 50 c. et 4 f. 25 c.

Portrait de *Bourgelat*, fondateur des Ecoles vétérinaires; estampe in-4, dessinée par *Vincent* et gravée par *Letellier*. 1 f. 25 c.

Programmes du **CONCOURS** pour la chaire de **MARÉCHALERIE** et de jurisprudence vétérinaire, à l'Ecole royale d'économie rurale et vétérinaire d'Alfort, in-4. 3 f. et 3 f. 25 c.

Recherches physiologiques et chimiques pour servir à l'histoire de la **DIGESTION**; par MM. *Leuret* et *Lassaigne*. Paris, 1825, in-8.
4 f. 50 c. et 5 f. 25 c.

Recherches sur la construction du **SABOT** du cheval, et suite d'expériences sur les effets de la **FERRURE**; par M. *Bracy Clark:* trad. de l'angl. et revues par l'auteur. Paris, 1817, in-8, fig. 4 f. et 4 f. 75 c.

Traité analytique de **MÉDECINE LÉGALE** vétérinaire, contenant: 1°. les principes généraux de la médecine légale vétérinaire; 2°. un extrait de la médecine légale vétérinaire de *F. Toggia:* trad. de l'ital. par *J.-B.-C. Rodet.* Paris, 1827, in-12. 4 f. et 5 f.

Traité d'**ANATOMIE VÉTÉRINAIRE**, ou Histoire abrégée de l'anatomie et de la physiologie des principaux animaux domestiques; par *J. Girard.* 2e. édit., revue et corrigée. Paris, 1819-20, 2 v. in-8. 12 f. et 16 f.

Traité de la **GALE** et des **DARTRES** dans les animaux; par *Chabert*, in-8.
1 f. et 1 f. 15 c.

Traité des **HERNIES INGUINALES** dans le cheval et autres monodactyles; par *J. Girard*, directeur de l'Ecole royale vétérinaire d'Alfort, etc. Paris, 1827, in-4, avec 7 grandes planches lithographiées, dessinées par M. *Jacob*, maître de dessin à la même école. 15 f. et 16 f. 50 c.
— Avec les planches cartonnées séparément. 17 f.

Traité du **PIED**, considéré dans les animaux domestiques; contenant son anatomie, ses difformités, ses maladies; et dans lequel se trouvent les opérations et le traitement de chaque affection, ainsi que les différentes sortes de ferrures qui leur sont applicables; par *J. Girard*. 2e. *éd. sous presse.*

BÊTES A CORNES ET A LAINE, CHÈVRES-CACHEMIRES, ANIMAUX DE BASSE-COUR.

Altération (d'une) du **LAIT** de vache, désignée sous le nom de *lait bleu;* par *Chabert* et *Fromage.* Paris, 1805, in-8. 75 c. et 90 c.

Art de faire le **BEURRE** et les meilleurs **FROMAGES**, d'après les agronomes qui s'en sont le plus occupés, tels que *Anderson, Twamley, Desmarets, Chaptal, Villeneuve, Huzard* fils, etc.; avec 5 planches. Paris, 1828, in-8. 4 f. 50 c. et 5 f. 50 c.

Avis au public pour prévenir et détruire l'épizootie des **BÊTES A CORNES**; traduit de l'allemand du docteur *Faust;* publié par ordre du Gouvernement, in-8. 60 c. et 75 c.

Examen des causes de la **DISETTE DES BESTIAUX**, et des moyens de nous en rédimer; par *Préaudeau-Chemilly*, in-8. 75 c. et 1 f.

Extrait de l'Instruction pour les **BERGERS** et les propriétaires de troupeaux, ou Catéchisme des bergers; par *Daubenton*. 5e. édition, augmentée d'une 15e. leçon sur les **MÉRINOS**, d'une planche indiquant l'âge des bêtes à laine et de notes; par *J.-B. Huzard* fils. Paris, 1822, petit in-12. 1 f. 50 c. et 2 f.

GALE des moutons (de la), de sa nature, de ses causes, et des moyens de la guérir; trad. de l'allemand, de *G.-H. Walz :* avec 1 planche. Paris, 1811, in-8. 1 f. 50 c. et 1 f. 75 c.

Instruction pour les **BERGERS** et pour les propriétaires de troupeaux, avec d'autres ouvrages sur les **MOUTONS** et sur les **LAINES**; par *Daubenton*, avec des notes par *J.-B. Huzard;* 5e. édition. Paris, in-8, avec 23 planches. 7 f. et 9 f.

Instruction sommaire sur la maladie des **BÊTES A LAINE** appelée **POURRITURE**; par MM. *Huzard* et *Tessier*. Nouv. édit. Paris, 1822, in-8. 40 c. et 45 c.

Instruction sur la manière de conduire et gouverner les **VACHES LAITIÈRES**; par *Chabert* et *Huzard*. 3e. édition, augmentée. Paris, 1807, in-8. 1 f. 25 c. et 1 f. 50 c.

Instruction sur la péripneumonie, ou Affection gangreneuse du poumon, dans les **BÊTES A CORNES**; par *Chabert*. Paris, an II, in-8. 25 c. et 30 c.

Instruction sur le **CLAVEAU** des moutons; par *F.-H. Gilbert*. Paris, 1807, in-12. 75 c. et 90 c.

Instruction sur les **BÊTES A LAINE**, et particulièrement sur la race des **MÉRINOS**, contenant la manière de former de bons troupeaux, de les multiplier et soigner convenablement en santé et en maladie; par M. *Tessier*. Nouv. éd. Paris, 1811, in-8, avec fig. 5 f. 50 c. et 6 f. 75 c.

Instruction sur les maladies inflammatoires épizootiques, et particulièrement sur celle qui affecte les **BÊTES A CORNES** des départemens de l'Est, etc., in-8. 50 c. et 60 c.

Instruction sur les mesures que les nourrisseurs doivent prendre pour opérer la **DÉSINFECTION** de leurs étables, et pour préserver leurs bestiaux de l'épizootie, in-8. 30 c. et 35 c.

Lettre sur la **NOURRITURE** des bestiaux à l'étable; par M. *Tschiffeli.* Nouv. édit., in-8. Paris, 1817. 1 f. 50 c. et 1 f. 75 c.

Maladies (des) contagieuses des **BÊTES A LAINE**; par *Ad. de Gasparin.* Paris, 1821, in-8. 3 f. 50 c. et 4 f. 25 c.

Manuel de la **FILLE DE BASSE-COUR**, contenant des instructions pour élever, nourrir, engraisser tous les animaux de la basse-cour, et en tirer le plus grand produit, avec des remèdes propres à les guérir des maladies auxquelles ils sont sujets. Nouvelle édition, augmentée. Paris, 1822, in-12.   1 f. 25 c. et 1 f. 50 c.

Manuel du **BOUVIER**, ou Traité de la médecine pratique des bêtes à cornes; ouvrage utile à ceux qui veulent élever des animaux, les dresser au travail et leur conserver la santé; par *Joseph Robinet*. Nouv. édit., augmentée de notes traduites de l'anglais par M. *Huzard* fils. Paris, 1826, 2 v. in-12.   6 f. et 7 f. 60 c.

Mémoire et Instruction sur les **TROUPEAUX DE PROGRESSION**; par M. *de Morel-Vindé*, pair de France. Paris, 1808, in-8.   2 f. 50 c. et 2 f. 80 c.

Mémoire sur la **PÉRIPNEUMONIE CHRONIQUE** ou phthisie pulmonaire qui affecte les vaches laitières, avec les moyens curatifs et préservatifs de cette maladie, et des observations sur l'usage du lait et de la viande des vaches malades; par M. *Huzard*. Paris, an VIII, in-8.   1 f. 25 c. et 1 f. 50 c.

Mémoire sur la tonte du **TROUPEAU** de Rambouillet, la vente de ses laines et de ses productions disponibles; par *Gilbert*: in-4. 40 c. et 50 c.

Mémoire sur le **CLAVEAU** et sur les avantages de son inoculation; par M. *J. Girard*. 2e. édition. Paris, 1818.   1 f. 25 c. et 1 f. 50 c.

Mémoire sur l'éducation des **MÉRINOS**, comparée à celle des autres races de bêtes à laine, dans les diverses situations pastorales et agricoles; par M. *de Gasparin*. Paris, 1823, in-8.   2 f. 50 c. et 3 f.

Mémoire sur l'importation en France des **CHÈVRES** à duvet de **CACHEMIRE**; par M. *Tessier*. Paris, 1819, in-8.   60 c. et 75 c.

Mémoire sur une maladie qui affecte les **BŒUFS DESTINÉS** aux salaisons de la marine; par *Cabiran*: suivi du rapport sur ce mémoire, par MM. *Chabert* et *Huzard*. Paris, an XII, in-8.   60 c. et 70 c.

Mémoire sur l'éducation, les maladies, l'engrais et l'emploi du **PORC**; par *Erick Viborg*, professeur et chef de l'École royale vétérinaire de Copenhague, et *Young*, fermier du comté de Suffolck, en Angleterre : in-8, fig.   4 f. et 5 f.

Observations sur la **MONTE** et l'**AGNELAGE**; par M. *de Morel-Vindé*. Paris, 1813 à 1816, 3 brochures in-8.   4 f. et 5 f.

Organes (des) de la **DIGESTION** dans les **RUMINANS**; par *Chabert*. 2e. édit. Paris, 1797, in-8.   1 f. 25 c. et 1 f. 50 c.

ORNITHOTROPHIE artificielle ou l'Art de faire éclore et d'élever la volaille par le moyen d'une chaleur artificielle (par l'abbé *Copineau*). Paris, 1780, in-12.   2 f. 50 c. et 3 f. 50 c.

Réponse à un mémoire intitulé : *De l'exportation des laines françaises*; par M. *Tessier*, in-8.   25 c. et 30 c.

Tableau des **MALADIES AIGUES ET CHRONIQUES** qui affectent les bestiaux; par *Devillaine*. Neufchâtel, 1782, in-8.   1 f. 80 c. et 2 f. 30 c.

Traité complet sur l'éducation des **LAPINS** dans les garennes domestiques et artificielles; par *C. M.* Paris, 1806, in-12.   1 f. 25 c. et 1 f. 50. c.

Traité de la tenue et de l'éducation des **MÉRINOS** par rapport aux laines; par *Lhomme*. Paris, 1817, in-8.   3 f. 50. c. et 4 f. 50 c.

Traité sur les **BÊTES A LAINE** d'Espagne, avec les moyens de propager et conserver cette race dans toute sa pureté; par *Lasteyrie*. Paris, an VII, in-8, fig.   5 f. et 6 f.

HISTOIRE NATURELLE, BOTANIQUE.

Dictionnaire des termes techniques de **BOTANIQUE**, à l'usage des élèves et des amateurs; par *Mouton-Fontenille*. 1803, in-8.   5 f. et 6. f. 50.

Dictionnaire raisonné universel des animaux, contenant leurs propriétés en médecine, etc., etc, Paris, 4 vol. in-4.   24 f.

— *Le même*, grand papier.   40 f.

Histoire abrégée des **COQUILLAGES** de mer; de leurs mœurs et de leurs amours; par *Cubières* l'aîné. Versailles, an VIII, in-4. fig.   9 f.

Histoire des **ANIMAUX** d'*Aristote*, avec la traduction française; par M. *Camus*. Paris, 1783, 2 vol. in-4.   24 f.

Histoire des **CONFERVES** d'eau douce, contenant leurs différens modes de reproduction, etc.; par *J.-P. Vaucher*. Genève, 1803, 1 vol. in-4. fig.   12 f. et 14 fr.

Linné (*Caroli A.*) Systema naturæ per regna tria naturæ, secundùm classes, ordines, genera, species; cum characteribus, differentiis, synonymis, locis, etc.; editio decima-tertia; edid. *Gmelin*... Lugduni, 1789, 10 vol. in-8, fig.   50 f.

Mémoire sur quelques **INSECTES** qui attaquent les céréales; par *A. Olivier*. Paris, 1813, in-8, fig.   75 c.

Recherches chimiques sur la **VÉGÉTATION**; par *T. de Saussure*. Paris, 1804, in-8, fig.   5 f. et 6 f. 25 c.

Sommaire d'une monographie du genre **ROSIER**; par M. *de Pronville*. Paris, 1822, in-8.   1 f. 25 et 1 f. 50.

INDUSTRIE, COMMERCE.

CLEF (la) de **L'INDUSTRIE** et des sciences qui se rattachent aux arts industriels; par M. *Armonville*, secrétaire du Conservatoire royal des arts et métiers; servant de 2ᵉ. édition *au Guide des artistes*, publié en 1818. Paris, 1825, 3 vol. in-8.   24 f. et 29 f.

Description de l'art du **BLANCHIMENT** par l'acide muriatique oxigéné; par *Berthollet*. In-8.   1 f. 25 c. et 1 f. 50 c.

Description des procédés employés par M. *Mergoux*, curé de Bezons, près Paris, afin d'introduire les **POMMES DE TERRE** dans la fabrication du pain. Paris, 1817, in-8, fig.   50 c. et 60 c.

Description et usage du **BERTHOLIMÈTRE**, instrument d'épreuve pour l'acide muriatique oxigéné liquide, etc.; mémoire faisant suite à la description de l'art du blanchîment; par M. *Descroizilles*. In-8.   60 c. et 75 c.

Essai sur l'agriculture et le commerce des **ISLES DE FRANCE** et de la **RÉUNION**; par *F. Descroizilles*, négociant et planteur à l'Isle-de-France. Rouen, 1803, in-8.   1 f. 25 c. et 1 f. 50 c.

Essai sur l'art de la **VERRERIE**; par *Loysel*. Paris, in-8.   5 f. et 6 f.

Instructions sur l'usage de la **HOUILLE**, plus connue sous le nom impropre de *charbon de terre*, pour faire du feu, sur la manière de l'adapter à toutes sortes de feux, etc.; par *Venel*. Avignon, 1775, in-8, fig. 7 f.

Mémoire sur la **PEINTURE AU LAIT**, par *Cadet-de-Vaux*. Paris, an IX, in-8.   20 c. et 25 c.

Mémoire sur les moyens de conserver la **POMME DE TERRE** sous la forme de riz ou vermicelle; par M. *Grenet*. In-8, fig. 1 f. 50 c. et 1 f. 75 c.

Mémoires sur les **ROUTES ANGLAISES**, dites routes de M. *Mac Adam*; par sir *J. Byerley*, lu à la Société royale et centrale d'agriculture. Paris, 1824, in-8.   25 c. et 30 c.

PRISONS (**DES**) **DE PHILADELPHIE**; par un Européen. 4ᵉ. édition.

Paris, 1819, in-8, avec tableaux.   2 f. 5o c. et 3 f.
Recueil de rapports, de mémoires et d'expériences sur les **SOUPES ÉCO-
NOMIQUES** et les fourneaux à la *Rumford*, etc. Paris, 1801, in-8.,
                                                        3 f. et 4 f.
Résultats d'un ouvrage intitulé : **DE LA RICHESSE TERRITORIALE** du
Royaume de France ; par *Lavoisier :* suivi d'un Essai d'arithmétique
politique, par M. *de la Grange*. Paris, 1819, in-8. 1 f. 5o c. 1 f. 75 c.
Traité usuel du **CHOCOLAT**, contenant la description et la culture du ca-
caotier, etc. ; par *Buc'hoz*. Paris, 1812, in-8, fig.   1 f. 8o c. et 2 f. 25 c.
Vues sur le système général des **OPÉRATIONS INDUSTRIELLES**, ou
Plan de technonomie ; par M. *Christian*, directeur du Conservatoire
royal des arts et métiers. Paris, 1819, in-8.   3 f. et 3 f. 5o c.

ÉDUCATION, OBJETS DIVERS.

BONHEUR (le) du peuple, almanach à l'usage de tout le monde ; ou Avis
du père Bonhomme aux habitans de la campagne. Paris, 1819, in-18,
                                                        25 c. et 4o c.
Cours de **LANGUE FRANÇAISE** ; par M. *Lemare*. Paris, 1819, 2 v.
in-8.   18 f. et 22 f.
Essai de morale, ou **FABLES** nouvelles, morales, politiques et philoso-
phiques ; par *J.-J.-F. de B****. Paris, 1826, in-18.   3 f. et 3 f. 5o c.
Essai historique et moral sur la **PAUVRETÉ DES NATIONS**, la popu-
lation, la mendicité, les hôpitaux et les enfans-trouvés ; par M. *F.-E.
Fodéré*. Paris, 1825, in-8.   7 f. 5o c. et 9 f. 5o c.
Examen critique des **ANCIENS HISTORIENS D'ALEXANDRE** ; par
M. *Sainte-Croix*. 2e édition, considérablement augmentée et ornée de
8 planches in-4, de plus de 1000 pages.   3o f. et 35 f.
Exercices de la **LANGUE FRANÇAISE** ; par M. Lemare. Paris, 1819, in-8.
                                                        9 f. et 11 f.
Justification de l'existence légale et constante des droits des propriétaires
de **RENTES PUREMENT FONCIÈRES** et non féodales, qui ont été
établies par des titres tout-à-la-fois constitutifs de redevances seigneuriales
et droits féodaux ou censuels supprimés, etc. ; par M. *Mariette de
Wauville*. Paris, 1825, in-8.   7 f. 5o c. et 9 f. 5o c.
LAURE DE CERNANGES ; par madame *Floriska de L****. Paris, 1825,
in-12.   3 f. 5o c. et 4 f. 25 c.
Manière d'enseigner les **HUMANITÉS**, d'après les autorités les plus graves ;
par M. *de Bigault d'Harcourt*. Paris, 1819, 1 vol. in-8.   5 f. et 6 f.
ORLANDO ET LORETTA, fait historique ; par MM. *Pradel* et *de Mont-
zaigle*. 2 vol. in-12.   5 f. et 6 f.
PERILS auxquels sont exposés les enfans que leurs mères refusent d'allai-
ter ; malheurs que, par ce refus, ces mères attirent sur elles-mêmes ;
par M. l'abbé *Besnard*. Paris, 1825, in-12.   1 f. 25 c. et 1 f. 5o c.
Système anglais d'instruction, ou Recueil complet des améliorations et in-
ventions mises en pratique aux écoles royales, en Angleterre ; par *J.
LANCASTER* : trad. de l'angl. Paris, 1815, in-8.   2 f. et 2 f. 5o c.
Traité complet d'**ORTHOGRAPHE D'USAGE** et de prononciation ; suivi
d'un dictionnaire orthographique, etc. par *P.-A. Lemare* Paris, 1815,
in-12.   2 f. 5o c. et 3 f.

Imprimerie de Mme. HUZARD (née Vallat la Chapelle), rue de l'Éperon, n° 7 (Mai 1828).

www.ingramcontent.com/pod-product-compliance
Ingram Content Group UK Ltd.
Pitfield, Milton Keynes, MK11 3LW, UK
UKHW022056070726
13613UKWH00002B/829